U0033320

二魚文化

Tasty and Commonly Pork

Taiwanese Cuisines

Exotic Cuisines

Rice, Noodles, Dumplings

Contents

PART 1 認識好味道平民豬肉

PART 2 吃不膩臺味料理

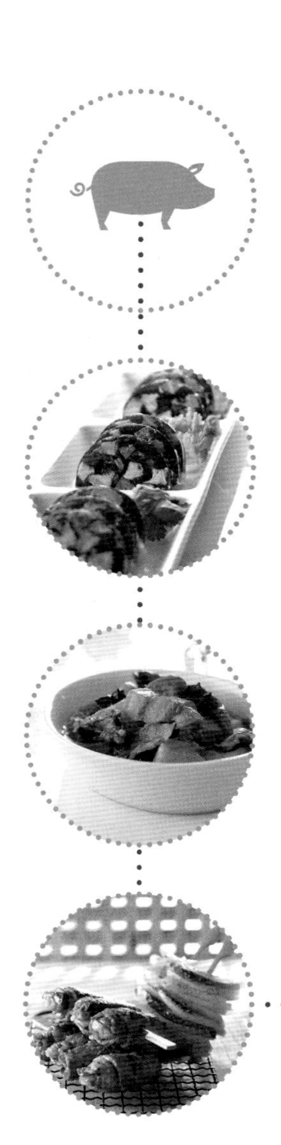

編輯室貼心叮嚀

· **每道食譜為3～4人份**
· **計量單位換算**

1公斤＝1000公克
1台斤＝600公克
1杯＝240cc
1大匙＝3茶匙＝15cc
1茶匙＝5cc

PART 3 異國風味流行料理

PART 4 美味飽食飯麵餅

Foreword

推薦序

飲食料理新觀念，保證上桌就盤底朝天！

身處寶島台灣的你，如果不是吃素，那你就一定不能夠錯過台灣的豬！
牠們的肉質鮮美多汁，牠們的纖維柔嫩可口，牠們能夠做出各種料理！
喜歡動手做菜的你，如果想要食譜，那你就一定不能夠錯過這本食譜！
裡面有經典的中國菜，裡面有好吃的西方菜，讓你東西合併一本搞定！
小黑師傅挑了一個最普遍、最基本的食材來發揮，要讓大家實用至上！
光看中國菜的菜名，道道都是不可不學的傳世老菜，連餐廳都未必有，
再加上現代飲食的新觀念，新式廚具的新手法，保證上桌就盤底朝天！
除此之外還有西餐，原來全世界都有好吃的豬料理，作法都那麼簡單，
一個步驟一個步驟教給你，材料、技巧不藏私，家中用餐就像在國外！
小黑師傅在學校教授學生的時候，學生們一致評價都很好，有教無類，
當他來到百貨公司做活動的時候，現場簡直就是萬頭鑽動，人氣破表！

如今他集結了學識和常識，理論和經驗，整理編寫了這一本書，
無論新手，無論老匠，向你推薦這一本值得珍藏的好食譜！

美食節目主持人 焦志方

推薦序

將美味傳承給最親密的人，
讓味覺的記憶永遠留在餐桌上！

人與人之間的親密互動，往往都是從餐桌開始。在台灣是如此，在中國是如此，在世界上各地皆是如此。在你的味覺記憶裡，小時候的餐桌上常常出現著家裡獨有味道的豬肉料理。我最記得外婆做給我吃的好幾種豬肉料理。例如：生日時的滷豬腳，過年時的燉蹄膀，還有平常的白切五花肉、梅乾燉肉、竹筍肉絲……等。在小吃豐盛的艋舺長大，哪一家的滷肉飯最好吃，哪一家的肉羹最夠味，哪一家紅糟燒肉炸得最好，還有哪一家的米粉湯用的豬內臟最好吃？這些味覺上的記憶，不管是你還是我，尤其是出外工作打拼的遊子最能體會的。

李耀堂（小黑）大師，是我認識的廚師中最認真地把大家味覺中的豬肉美味完美呈現在餐桌上的料理者。甚至將豬肉的美味呈現方式用中餐手法，或用西餐的特殊料理法，甚至東南亞風味、日本國民美食應有盡有，利用各種方式將豬肉完美的作法，透過這本書讓你輕鬆學會。

是否你已經忘記了豬肚酸菜湯怎麼做？好久沒吃的花生滷豬腳該如何料理？想要來個下酒菜孜然酥炸肥腸，想要品嚐西式風味的茄汁肉醬千層麵、墨西哥蕃椒肋排，要製作一道日式風味的照燒豬肉米漢堡豬，想要吃一碗滷肉飯、古早味排骨麵，這些全部收錄在這本書裡。學會書中的各道豬肉料理，相信你也可以將美味傳承給最親密的人，讓味覺的記憶永遠留在餐桌上！

美食節目主持人 柯以柔

Preface

作者序

小時候的回憶，記錄著豬肉好味道！

身為農家子弟，小時候的記憶猶深，在餐桌上幾乎都會有一鍋不同口味令人下飯的豬肉料理。印象最深的是媽媽總會滷一鍋加了蔥、薑、蒜頭、八角簡單又美味帶點琥珀色的東坡肉，一層肥而不膩的肥油、一層瘦而不柴的瘦肉，總會在第一餐時吃滷肉，第二餐加入皮絲的豆輪仔，第三餐加入水煮蛋浸泡一天變成滷蛋，餐餐都有驚喜，也讓我們這群小朋友驚呼連連。媽媽也保留這鍋滷汁的變化運用，又將滷汁當調味汁加到炒米粉中。

在農家繁忙的社會型態裡，媽媽的料理法著實節省了許多烹調時間，有時也會於早上烹煮完成後帶至農田飽足全家大小腸胃。中午時間便在農田中用餐，我們這群小朋友即在一旁窯烤，哥哥總是負責建窯，當時年紀小的我只有撿柴的份，這是我們這群小蘿蔔頭最期待的事了。印象中經常將豬肉包裹著玻璃紙，外層裹上泥土後放入土窯中，期待著土窯豬的熟成以飽足一天的辛勞！

豬肉是餐桌上經常出現的肉品，在書中即依照豬隻不同部位的屬性，結合各式烹飪技法，將各式料理保留最完美的口感和呈現。例如：在排骨類高湯需先進行汆燙動作，以免血腥味跑入湯頭裡；可以運用爆香、汆燙、油炸、烘烤前置作業再進行烹調，可減少血水的外流……等。

在拌炒或燉滷調味上，我最喜愛使用黑豆經由120天曝曬發酵製成的天然蔭油，其味道沒有黃豆製成的化學醬油刺鼻味，且營養遠超過化學醬油。在拍攝食譜期間，非常感謝黑龍蔭油、香料王國的小磨坊、瑞康鍋具的協助與結合之下，讓這本書的每道料理更加美味。

料理創意名廚 

在這本書紀錄了小時候的回憶，
也是媽媽味道的記憶，
將之送給我的媽媽，謝謝您！

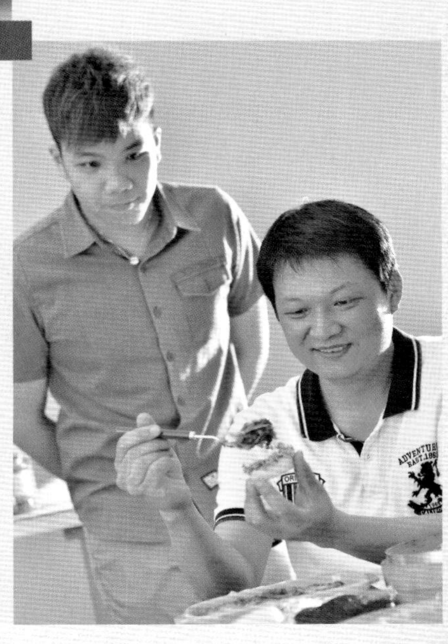

PART 1

認識好味道

平民豬肉

Tasty and Commonly Pork

Magic Classroom

魔法教室

認識自然豬和溫體豬

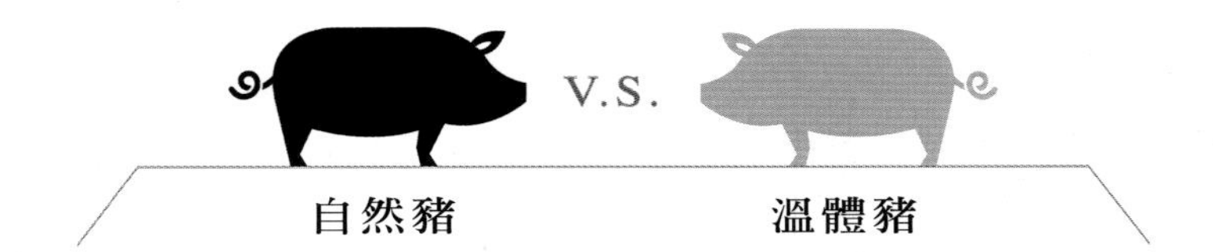

自然豬

經過危害分析與重點管制流程，也就是所謂的HACCP認證。廠商必須保證絕無抗生素殘留，絕無施打磺胺藥劑、荷爾蒙，而且需要餵養210天以上的成熟豬，必須經過行政院農委會和財團法人中央畜產會雙重認證下，確保每頭豬隻的安全健康，需要生產履歷、檢驗流程、飼料原物料來源等記錄；在最嚴格的CAS及HACCP控管工廠屠宰，確保肉品安全衛生，而CAS認證則需注意豬肉的保存期限及包裝是否完整。

擁有CAS認證的豬肉，都是採用合格電宰場屠宰的國產畜禽肉為原料，在工廠分切時即維持在低溫狀態下處理、儲運販售者。而且CAS工廠會有農委會聘請的獸醫師駐場，為豬隻逐隻檢查，待沒問題的肉品才能標上CAS記號。

溫體豬

一般多在傳統市場販售，選購溫體豬最好於早晨購買，越早購買越好，因為溫體豬通常是在市場販售，生肉放置於常溫下太久較容易滋生細菌，宰殺後不會採用全程冷凍車或是冷藏車的方式運送。豬肉在較高的溫度下會繼續產生熟成作用，所以肉質及口感也會有所影響，除非是在屠殺後於極短的運送過程中取得，才能確保購買的豬肉品質為佳。

Magic Classroom

魔法教室

聰明挑豬肉的好方法

看一看

選擇當天購買溫體豬的豬肉必須呈現淡粉紅色，肉質需堅韌沒有多餘的水分現象，肥肉部分需要呈白色，若是肥肉變黃則表示已經不新鮮了。並確認當天屠宰，且運送過程中有做好保鮮動作，沒有失溫的現象產生，這樣的豬肉嚴選起來比較新鮮，食用也較安全。運送過程中未做冰藏動作，會使豬肉蛋白質變質而導致腐敗。

聞一聞

可以將肉靠近聞聞看，若有腐敗味或是腥味，則表示不新鮮或病死豬肉，為了健康不宜購買。

摸一摸

利用手指觸摸的方式判斷，當按下新鮮的肉質時，可感受到肉柔軟有彈性，按下的凹洞會立即彈起。反之，不新鮮的豬肉則按下後，凹洞未立即恢復原狀。

保存期限

購買有CAS認證肉品為宜，僅需判斷生產日期，店家冰存方式是否有失溫情形或內容物是否有血水現象產生？若有血水滲出，代表著極可能有重複冰存，請勿購買。

Magic Classroom

魔法教室

豬肉的營養好處

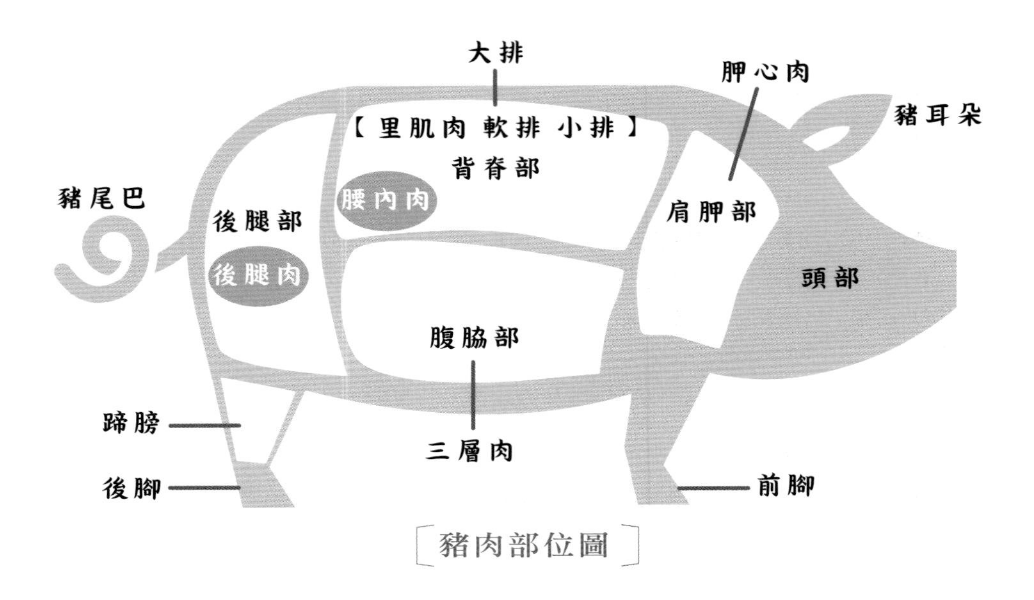

豬肉部位圖

豬肉含有蛋白質、維生素B1、維生素B2、維生素B6、維生素B12、菸鹼酸、鐵、鈣、磷、鉀等營養素。能夠修復身體組織、增強免疫力、幫助神經系統維持正常運作，保護器官之功效；而所含的磷可以維護骨骼與牙齒生長所需營養；鐵質可以改善貧血症。豬的肥肉含脂肪及膽固醇較高，有高血壓、動脈硬化、冠心病及老年人不宜多吃。

豬肉的肉質柔軟度，是依結合組織質量、脂肪交錯的程度和緊密狀態等而判斷。也可能受到家畜品種、飼養方式和肌肉的構成成分的不同而有所判別。豬肉含有75%左右的水分，屠宰後的貯藏方式、凍結、解凍、加熱及加濕等會影響到保水性，所以保水性越高的肉才被認為是上肉。脂肪的顏色與品質也是影響肉柔軟度、味道香氣的重要成分。

Magic Classroom

魔法教室

豬肉各部位料理特性

大排

位於背部，肉的質地較軟，比較適合炸、烤、滷、煎各式料理。

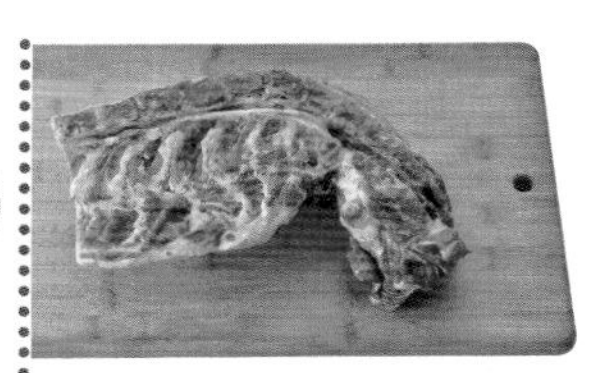

小排

又稱豬肋排，帶點油脂富彈性，適合烤、蒸、炸、燉，在料理中常見有烤豬肋排、豆豉蒸排骨等，肉及骨比例較勻稱，賣相也比較佳，經常使用於主菜中搭配各式烹調法和口味來呈現。

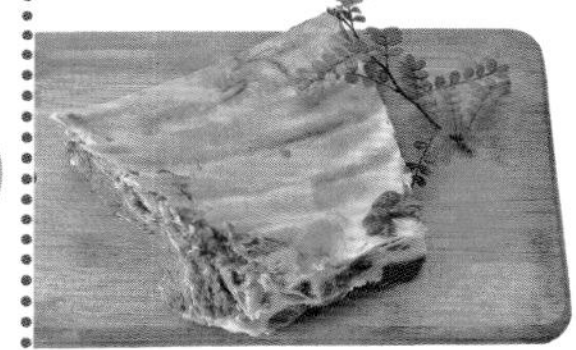

軟排

在胸口有一個片狀的軟骨，一根根的軟肋會收合集中於此，這個部位的肉多且骨頭軟嫩可以吃外，價位也比較便宜。

里肌肉

肉質軟嫩、結締組織較細，適合炸、炒、煎、烤。例如：炸豬排、藍帶起司豬排等，或是切成肉絲拌炒皆可。

胛心肉

又稱雪花肉，肉質中帶油脂，最適合當火鍋肉片使用，也可以煎、煮、炒、炸等方式烹調。

腰內肉

又稱小里肌肉，是脂肪較少的部位，其肉質細緻故不適合久煮，比較適合用爆、快炒、燴方式迅速處理，可避免過度烹調而影響口感。

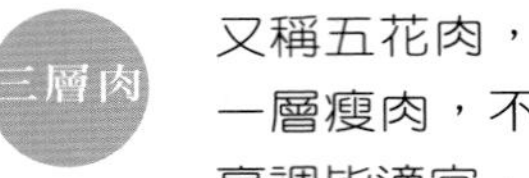
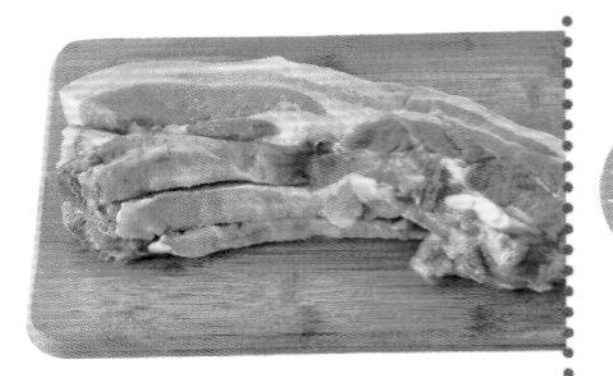

三層肉

又稱五花肉，為最常見也最常用的肉品，一層油一層瘦肉，不論是白斬、煨滷、拌炒、紅燒方式烹調皆適宜，買一塊後就可以多元使用。

梅花肉

從頸部的下方處和背部的線平行，順著肩胛骨分為上肩肉及下肩肉，而於肩胛骨前端和背中線切離上肩胛肉與下肩胛肉。梅花肉位於上肩胛肉裡的一個分切部位，所以口感特別軟嫩，適合快炒和烹調豬腳凍。

蹄膀 & 前腳

蹄膀比後腳更具彈性且口感佳，德國豬腳多選用這個部位烹煮，份量也比較剛好。蹄膀以下部分稱為前腳或前蹄，肉質較少。

後腿肉

質地較硬韌，適合紅燒和久滷的料理方式，可以先油炸後再進行煨滷動作，烹煮完成後較不會產生油膩感。也是脂肪較豐富的部位，俗稱腿庫，肉質較粗也較紮實，經常出現於宴席上的頭路特色菜之一，若是喜愛肉質較多者，就可以選擇這個部位。

後腳

蹄膀以下稱為後蹄膀，也俗稱後腳，肉質較多的部位，後腳組織較有彈性，適合煮、燜、燉料理方式，或運用後腳肉加上一些油脂部位肉混合製成貢丸之用途。

大腸頭

剛購滿回來時，以適當的鹽巴搓揉數次後，用清水洗淨黏液，再放入沸水中汆燙，撈起後即可進行煨滷。可以將大腸頭和八角、月桂葉、醬油、辣椒、蒜頭等一起放入壓力鍋烹煮，節省時間外，更能滷出具彈性且軟嫩的大腸頭。

豬皮

膠質豐富的部位，為適合做凍類料理的天然好食材，許多煨滷的醬汁只要吃起來特別黏稠，幾乎都是添加豬皮一起烹煮完成的。坊間販售肉燥的業者會特別加入切好的豬皮細丁一起煨滷，讓肉燥具彈性及黏稠口感，購買時只需注意是否有多餘慘留的豬毛殘留。親自烹煮肉燥時，可以利用拔毛夾或噴槍去除豬皮表面多餘毛髮。

豬肚

剛購滿回來時，先將表面多餘油脂去除，以適當的鹽巴搓揉數次後，用清水洗淨黃色黏液，再放入沸水中汆燙，撈起後即可進行煨滷。通常豬肉攤販都會處理好再販售，若購買已處理好的豬肚，也建議再次灌水清洗後汆燙較為乾淨。

豬舌

豬舌烹煮前先放入沸水中汆燙，刮除表面舌苔後洗淨，適合滷的方式烹調，可選擇中式滷汁或西式牛高湯、洋蔥、蒜頭、西洋芹、紅蘿蔔煨滷，將滷好的豬舌切片後，再淋上原本滷汁。

豬肝

含豐富鐵質的豬肝，具有預防貧血及補氣功效。烹煮前切約0.3公分片狀後洗淨，放入沸水中汆燙後立即泡入冷水中，再重新煮一次，可以避免血水流出而使湯汁混濁，且豬肝也較軟嫩。

腰子

是豬的腎臟，剖開後必須將裡頭的管及筋的部分去除，切塊後洗淨，放入煮沸的滾水中快速汆燙，再以麻油、老薑片、杜仲、枸杞子搭配快炒，炒製時間避免太長，將可保留清脆口感，是一道經典的月子餐。

豬心

烹煮前先將血水洗淨，適合快炒或是加入中藥材一起燉煮。例如：搭配2.5錢粉光蔘、適量米酒或是老酒一起燉煮。

Magic Classroom

魔法教室

豬肉變美味QA問答集

Q1

豬肉的保存方法？

立刻使用的肉品必須放於較低溫的冷藏室最上層存放，若置於冰箱門或下層，溫度較高則容易導致肉品腐敗。若是隔餐或過幾天才使用，則可放於冷凍室冰存，以密封袋分裝，將肉品平整放入袋中，壓除多餘空氣，收口密封好再冷凍，建議不同部位需分開冰存，並且先分切好適合大小及每次的使用量，才不會造成反覆退冰、冰存的困擾。

Q2

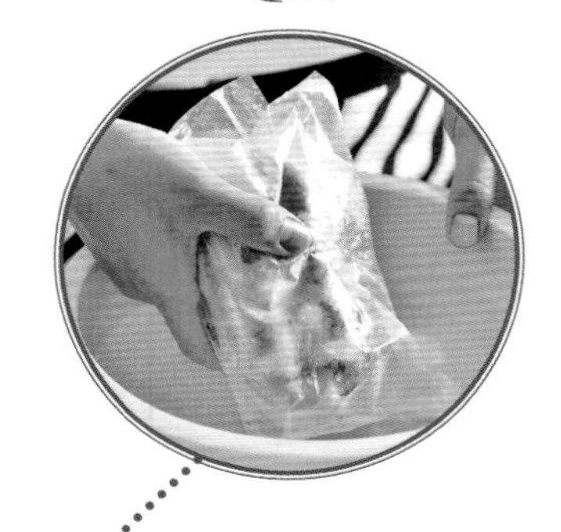

解凍豬肉的方法？

烹調前必須將豬肉完全解凍，解凍時應在低溫下慢慢解凍，可以在前天從冷凍室取出肉品後放置冷藏室，勿拆除原來包裹的密封袋，讓肉品在袋中慢慢解凍，可降低肉品風味及肉汁的流失。在急需烹調冷凍肉品時，可連同密封袋一起泡入水中自然解凍，當水溫變很冰時務必再換水。浸泡前請確認袋口需完全密合，可避免水滲入而影響肉的品質。

Q3

豬肉切法何者為宜？

豬肉採逆紋切為宜，是為了讓組織斷格，食用也更好咀嚼；若是順紋切法，食用時肉纖維很容易卡在牙縫中。

汆燙豬肉和內臟時的重點？

煮一鍋100℃的沸水，放入欲汆燙的豬肉、排骨或內臟，若在冷水或未滾沸狀態就放入肉品，則會造成肉質過老、甜分流失等現象，汆燙目的是為了讓湯頭更加清澈外，也可避免豬肉的血腥味影響菜品的味道。可以運用尖銳的竹籤或筷子叉入肉中，若看到血水流出即代表還沒熟；若流出的湯汁是清澈的，代表已經熟了。汆燙薄肉片，可依肉表面蛋白質熟化程度來判斷，當肉變白時即可撈出；若是有厚度的豬肉塊，則需使用竹籤來判斷，或是切開來看是否有血水流出。

Q5

讓豬肉軟嫩的方法？

可以依照烹調時間及口感來決定使用哪一個部位的豬肉烹調，若是快炒類則以挑選里肌肉、梅花肉為最佳選擇。若是家中冰箱剛好沒有這兩個部位的肉，急需使用時，亦可選擇含酵素的青木瓜或鳳梨鋪於肉上醃漬片刻；或在豬肉醃漬時拌入適量太白粉或蛋白以形成保護膜，接著進行烹調，以上都有助於軟化組織的天然效果。

Q6

燉滷鍋、壓力鍋烹調差異？

最大差異在於時間和節省瓦斯，壓力鍋可以在最短的時間內燉滷所需的料理外，亦可將味道封鎖在壓力鍋內，讓整個香氣鎖住不外流。而燉鍋在滷製的時間相對較久，必須花更多的時間煨滷，這時抽油煙機、瓦斯也必須一直同時開著，建議選擇實用的鍋具將能讓你下廚事半功倍。

Q7

燉滷時讓豬肉入味的訣竅？

處理豬肉時，可以先用刀叉將豬肉反覆戳，讓滷汁更迅速入味，也可以選擇先醃漬要添加的醬料，然後燉滷前再以平底鍋煎至上色後再燉滷，都可以節省許多的時間。

Q8

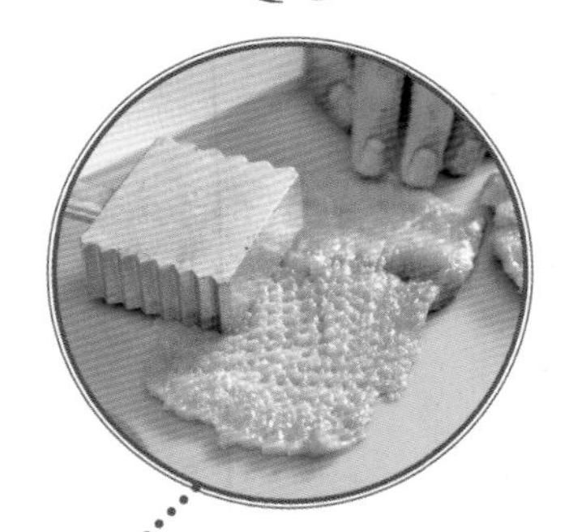

豬肉快炒時，入味的方法？

建議切薄片或絲狀後再快炒，可避免久炒導致肉質過老，亦可加速快熟時間和入味程度。另一種方式為加入適當水與醬汁一起煮沸後，加入少許太白粉水勾縴，讓縴汁裹在豬肉上，食用時會更加美味。

Q9

如何炸出金黃酥香的豬肉？

以豬肉的厚度及面積大小來判斷油炸的溫度，若是厚度0.5公分的裹粉肉排，原則上以190℃油溫即可；若是厚度1公分且不裹粉肉品，則必須以較低約160℃油溫先炸熟，再加熱至190℃高溫作逼油動作，待炸酥後撈起，則豬肉將呈現外酥內軟口感，且可鎖住甜美湯汁。

Q10

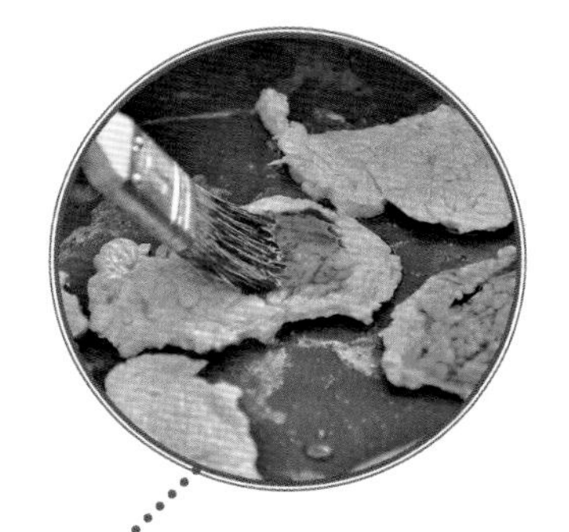

如何煎製豬肉，使上色均勻？

煎製前需先熱鍋，建議選擇加厚導熱佳的平底不沾鍋，因為具有鍋內溫度平均且不沾的效果，不管豬肉有無醃漬過，都可以輕鬆地將豬肉順利煎製上色。

Q11

烘烤豬肉時，需留意的重點？

使用烤箱烘烤已醃漬較深色調味醬汁的肋排時，為了預防烘烤過黑，建議可以先以鋁箔紙覆蓋於肋排上，待肋排烤熟後再掀開鋁箔紙，調整至較高溫度續烤至表面上色。如此可以鎖住肉汁，也不會因為醬汁而很快焦化，且烘烤後的肋排較美觀。

PART 2

吃不膩

臺味料理

Taiwanese Cuisines

無水東坡肉

Dongpo Pork Cubes

材料

五花肉350公克
瓢乾50公克
蔥30公克
薑20公克
蒜頭25公克

調味料

米酒50公克
蔭油30公克
味醂15公克
八角5公克
紅麴米2公克
白胡椒粉1公克

作法

❶ 瓢乾泡水後擰乾水分；薑拍扁，備用。

❷ 五花肉切正方塊，放入180℃油鍋中炸至呈金黃色（圖1），撈起瀝乾油分後待微涼，再以瓢乾綁成十字備用（圖2）。

❸ 以壓力鍋炒香蒜頭、蔥、薑，加入所有調味料（圖3），蓋上鍋蓋煮沸，轉小火計時6分鐘後待壓力閥下降即可。

蒲瓜去皮後直插在機器上旋轉，用一片厚刀片頂住蒲瓜由上而下，將整個蒲瓜可食用部分取下，即成一條很長呈淡白色瓢瓜條，可以拿來綁住食材，一般傳統市場都有賣。

1

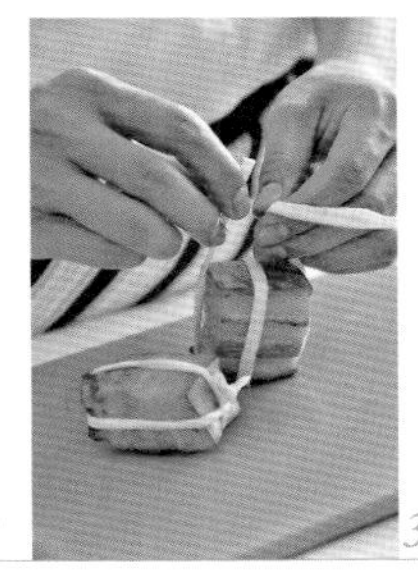

2

3

Tips

【無水東坡肉為不加水即可煨滷，但僅限定於專屬壓力鍋，若無壓力鍋則可以一般湯鍋滷製，另外加入4杯水，煮沸後轉小火續滷，在煨滷過程中避免過度攪拌，以免瓢乾斷裂。】
【加入適量紅麴米可使東坡肉呈現淡紅色，有增色及養生效果。】

白玉紅燒肉

Braised Pork with Carrots and Radishes

材料

A　五花肉350公克、皮絲80公克

B　白蘿蔔200公克、紅蘿蔔50公克、蔥50公克、薑25公克、辣椒2條、蒜頭35公克

調味料

蔭油3大匙、冰糖2大匙、米酒2大匙、白胡椒粉1/2小匙、八角6粒、月桂葉4片

作法

1. 五花肉切大塊，汆燙後撈起，瀝乾水分；皮絲泡水後切大片，備用。
2. 白蘿蔔、紅蘿蔔分別切大塊狀；薑拍扁；蔥切成2公分小段；辣椒切斜片，備用。
3. 起鍋，加入1大匙玄米油（或其他料理油）加熱，放入蔥、薑、辣椒、蒜頭爆香，再加入材料A拌炒至肉變白。
4. 加入所有調味料，再放入紅蘿蔔、白蘿蔔及5杯水煮滾，轉小火熬煮40鐘至熟透且入味即可。

皮絲是油炸品，剛買回來的時候建議先泡水後汆燙，再接著烹煮，經常用在補湯中，例如：吃素食的當歸湯，這樣皮絲就可以吃飽湯汁，配著湯吃非常香。

Tips

【豬肉可切塊後拌炒，先將肉的蛋白質煎熟，再加入醬油拌炒。以免血水滲出後造成湯汁混濁。將豬肉塊炸過後再滷，可運用壓力鍋省時又節能。】

花生滷豬腳

Braised Pig Knuckles and Peanuts

材料

豬腳350公克、花生100公克、蒜頭30公克、薑20公克、蔥20公克、香菜少許

調味料

八角10公克、白胡椒粉1公克、冰糖25公克、老滷醬80公克、米酒20公克

作法

1. 豬腳切塊；取2大匙玄米油放入壓力鍋中，放入蒜頭、薑、蔥爆香，備用。
2. 再加入豬腳、花生、調味料和3杯水，蓋上鍋蓋煮沸。
3. 轉小火熬煮10分鐘後熄火，待壓力閥下降即可，盛盤後以香菜點綴。

花生先泡水能縮短烹煮時間，豬腳的大小塊也會影響烹煮時間長短。

Tips

【使用壓力鍋可以縮短烹調時間，若沒有壓力鍋，則豬腳氽燙後可利用湯鍋烹煮，煮沸後轉小火慢慢熬煮入味。
【豬腳油炸後再來烹煮，可以減少油膩感。】

回鍋肉

Twice-Cooked Pork Slices

材料

白切五花肉150公克、高麗菜50公克、豆乾40公克、辣椒15公克、蔥20公克、蒜頭20公克

調味料

蔭油15公克、辣豆瓣醬20公克、味醂15公克、香油5公克

作法

1. 高麗菜、豆乾、辣椒切片；蔥切段，備用。
2. 起鍋，放入蒜頭炒香，放入豆乾，以中小火乾煸至微焦，加入蔭油拌炒均勻。
3. 再加入辣椒片、蔥段、白切五花肉、高麗菜拌炒均勻。
4. 最後加入辣豆瓣醬、味醂調味，起鍋前加入香油即可。

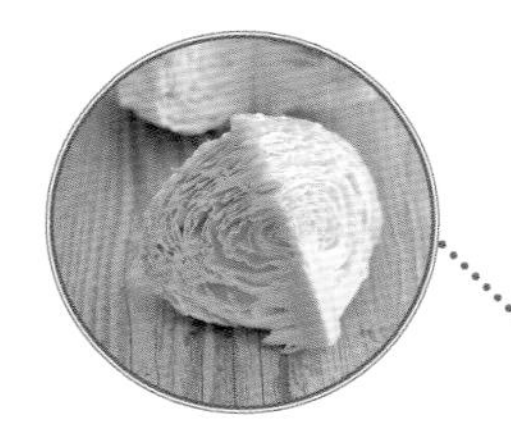

高麗菜含有豐富膳食纖維、鈣及維生素B群、維生素C及K等，是低熱量高纖維的減肥聖品。

Tips

【回鍋肉可以利用隔餐剩下的五花肉片爆炒，爆炒時以中小火慢慢乾煸至焦香，讓五花肉上的油脂釋放出來，撈起後加入豆乾乾煸至焦黃，再加入其他食材，這樣豆乾才會香。】
【爆炒時需加入適量蔭油煸炒至有醬香味，再加入其他食材；選擇黑豆製成的蔭油遠超過黃豆製成的醬油，更具營養價值。】

梅乾菜扣肉

Pork Steamed with Pickled Mustard

材料

梅乾菜150公克、五花肉片200公克、蒜頭20公克、辣椒20公克

調味料

八角10公克、醬油50公克、冰糖20公克

作法

1. 梅乾菜泡水後洗淨；五花肉入油鍋，炸至金黃後撈起，備用。
2. 起鍋，放入蒜頭炒香，加入炸過的五花肉片、梅乾菜拌炒均勻。
3. 加入調味料、辣椒拌炒均勻，再加入2杯水煮沸，轉小火熬煮25分鐘即可。

Tips

【梅乾菜需要大量油脂烹煮，吃起來才不會澀澀的，可以運用較多油脂的五花肉來烹煮。】

梅乾菜層層之間會夾帶許多泥沙，所以泡水後需沖洗乾淨，但也不能泡太久，原則上約40分鐘，時間過長會影響梅乾菜的風味。

五更腸旺

Boiled Pig Blood Jelly with Pickled Mustard

材料

大腸頭50公克
豬血100公克
酸菜50公克
蒜苗35公克
辣椒10公克
蒜頭20公克
薑10公克

調味料

A
花椒5公克
八角3公克

B
白胡椒粉1公克
辣豆瓣醬15公克
蠔油20公克
冰糖15公克

作法

1. 酸菜切片後泡水；蒜苗切段；辣椒、蒜頭、薑分別切片，備用。
2. 大腸頭切小段（圖1），豬血切小塊（圖2），備用。
3. 起鍋，加入花椒、八角、蒜片和薑片炒香，加入大腸頭、豬血、酸菜、辣椒拌炒均勻，再加入調味料B拌炒均勻（圖3）。
4. 最後加入3杯水煮沸，轉小火熬煮至水分收至剩2杯水，再放入蒜苗炒勻即可（圖4）。

Tips

【購買回來的大腸洗淨後，可以加入適量蔥、薑、蒜、醬油、味醂，先滷製後再烹煮，美味度將有加分的效果；或者使用滷製後的豬腳滷汁來煨滷也有獨具的滷香味。】
【花椒加入鍋中前先將花椒沾濕，可以避免爆香時焦化而產生苦味。】

1

3

2

4

豬血含豐富鐵、鋅和銅等微量元素，具有造血和補血的功效，及提高免疫功能、抗衰老的作用，有助於預防動脈硬化。

皮蛋蒼蠅頭

Stir fried Century Eggs with Leeks

材料

絞肉150公克、韭菜花200公克、烏皮蛋100公克、蒜頭25公克、辣椒15公克

調味料

A　香油5公克、豆豉5公克

B　蔭油30公克、味醂15公克、白胡椒粉1公克

作法

1. 韭菜花切成粒狀；烏皮蛋稍微蒸過後切小塊；蒜頭切碎；辣椒切碎，備用。
2. 起鍋，加入葡萄籽油燒熱，加入絞肉拌炒至熟後起鍋。
3. 加入蒜碎，利用餘油炒香，放入韭菜花、炒好的絞肉和豆豉拌炒均勻，再加入皮蛋、辣椒碎炒勻。
4. 最後加入調味料B拌炒均勻，起鍋前加入香油即可。

皮蛋蒸過後再切，可以避免砧板因皮蛋未熟而造成蛋黃流出來，因此沾黏砧板。

Tips

【葡萄籽油耐高溫可達220℃，其功效為促進血液循環、抗氧化和保持肌膚彈性。】

【料理時先煸炒絞肉至湯汁收乾且產生油脂後起鍋，再以爆炒出來的油脂炒香蒜碎，依序加入其他材料拌炒即可。】

紅糟燒肉

Braised pork with fermented red rice sauce

材料

五花肉500公克

調味料

A 蒜粉2公克、白胡椒粉2公克、紅糟25公克、糖5公克、蔭油10公克

B 地瓜粉350公克

作法

1. 五花肉加入調味料A拌勻，醃漬30分鐘以上。
2. 五花肉表面沾裹一層地瓜粉，放入180℃油鍋中，炸至表面呈金黃色。
3. 撈起瀝乾油分，待降溫後切片即可盛盤。

醃漬過程需放置冷藏室以確保食材新鮮度，醃漬調味料盡量選擇粉末材料，一方面不會有過多顆粒存在，另方面可讓五花肉快速入味。

Tips

【為了避免五花肉油炸時表面焦化，則糖量不宜多。】
【沾好的地瓜粉需靜止待返潮，再放入180℃油鍋中炸熟，再拉高油溫逼出多餘的油脂，避免炸酥時地瓜粉掉光。】
【紅糟肉可以搭配胡椒鹽或辣醬一起食用。】

梅汁排骨

Braised Pork Chops with Plum Juice

材料

子排250公克
紅蘿蔔球50公克
薑10公克
蒜頭25公克
紫蘇梅30公克
香菜少許

調味料

A
白胡椒粉1公克
蔭油25公克
米酒5公克
糖15公克
B
蔭油25公克
糖5公克
C
地瓜粉150公克

作法

1. 薑切片；子排加入調味料A拌勻，醃漬20分鐘備用（圖1）。
2. 取出子排後分別沾裹一層地瓜粉（圖2），放入180℃油鍋中炸至金黃色，撈起瀝乾油分（圖3）。
3. 起鍋，放入薑片、蒜頭爆香，加入紅蘿蔔球、紫蘇梅、調味料B和1/2杯水略煮2分鐘（圖4）。
4. 再放入炸好的子排，以大火翻炒均勻後盛盤，擺上香菜即可。

1 2 3 4

Tips

【子排可不經過油炸，但熬煮時需要多一些時間。】
【子排掛上一層地瓜粉，不宜烹煮過久，容易造成粉衣掉落。】
【沾滿地瓜粉的子排，炸過後再來烹煮便會產生濃稠的醬汁，所以不需要再勾縴。】

紅蘿蔔球可至大型超市購買，基本上冷凍紅蘿蔔球已是熟的，可以直接煮。若沒有紅蘿蔔球，可以紅蘿蔔切塊取代。

三杯豬尾

Fried Pig Tails with Sesame Oil, Soy Sauce and Rice Wine

材料

滷好的豬尾350公克、蒜頭30公克、老薑25公克、辣椒10公克、九層塔10公克

調味料

蠔油20公克、味醂20公克、米酒20公克、麻油5公克

作法

1. 滷好的豬尾切小塊。
2. 起鍋，放入老薑爆香至乾扁狀，放入蒜頭繼續爆香。
3. 加入豬尾塊、蠔油、味醂拌炒均勻，再加入米酒，以中火加熱至湯汁快收乾。
4. 起鍋前加入辣椒、九層塔拌炒，再加入麻油略炒即可。

當掀開三杯料理鍋蓋時，熱氣夾著濃烈的麻油香、醬油的焦糖香、酒香、辛香料的香，混合成一股和諧誘人的香氣，是道下飯的美味佳餚。

Tips

【豬尾可以和蹄膀一起滷製（見p39），再切段烹調。記得滷製前必須先炸過；可以減少油膩口感。】
【老薑、蒜頭可以先炸好再滷，可以增加菜餚香氣。】

蒜味豬耳朵

Stir-Fried Pig Ears with Garlic

材料

滷好的豬耳朵250公克、蒜頭25公克、辣椒25公克、蒜苗30公克、香菜20公克

調味料

A 蔭油25公克、味醂10公克、白胡椒粉1公克

B 香油5公克

作法

1. 蒜頭切片；辣椒切斜片；蒜苗切小段備用。
2. 將滷好的豬耳朵切成薄片狀備用。
3. 起鍋，放入蒜片爆香，再加入辣椒片及蒜苗拌炒。
4. 待香氣釋出，再放入豬耳朵、調味料A，以大火快速翻炒均勻，加入香油即可。

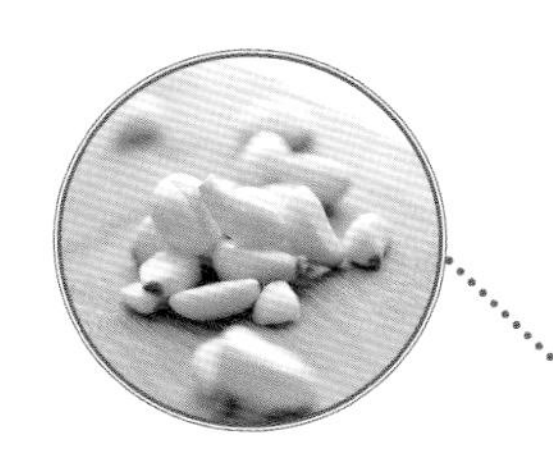

蒜頭先爆香可以增加香氣，滷製完成的豬耳朵做煙燻動作，又是一種獨特風味的下酒菜餚。

Tips

【豬尾可以和蹄膀一起滷製（見p39），再分開存放。滷好的豬耳朵待涼後讓膠質略微結凍後再切片，組織才不會爛爛散亂的。

【滷製後的滷汁會變濃稠，表示膠質已完全釋放出來，這時放入任何食材滷都好吃。】

腿庫海鮮羹

Braised Pig Knuckles in Seafood Soup

這道蹄膀羹湯不油膩，是媽媽經常煮的料理，總會不定時叫弟媳外送到家裡給我，至今依然蘊含著熟悉的家鄉味。農村家庭長大的我，依然喜愛媽媽所煮的每道佳餚。

材料

A

蹄膀1個、蔥20公克、蒜頭25公克、薑15公克、辣椒10公克

B

乾香菇25公克、冬蝦10公克、紅蘿蔔30公克、黑木耳30公克、筍絲100公克、金針菇40公克

C

香菜20公克

調味料

A

醬油25公克
冰糖15公克
八角5公克
米酒25公克

B

鹽5公克
蔭油10公克
糖15公克
白胡椒粉1公克

C

太白粉50公克
水50公克

D

香油5公克
烏醋25公克
高湯4杯

作法

1. 蹄膀、蔥炸過後撈起。將蒜頭、薑、辣椒、調味料A、3杯水放入湯鍋，放入炸過的蔥、蹄膀一起煮沸，轉中火熬煮40分鐘至軟爛即可。
2. 乾香菇、冬蝦泡水備用。
3. 紅蘿蔔、乾香菇、黑木耳分別切絲（圖1）。
4. 起鍋，放入香菇絲爆香，加入所有材料B及高湯煮滾（圖2）。
5. 再加入調味料B拌勻，以調勻的調味料C太白粉水勾縴（圖3），起鍋前加入烏醋、香油即為羹湯。
6. 將滷好的蹄膀盛入大盤，淋上羹湯，放上香菜即可。

1

2

3

Tips

【可以利用壓力鍋煨滷，縮短煨滷長時間的等待，將蹄膀炸過後再烹調，可以讓皮下油脂釋放出來，以減少油膩感。】
【滷製蹄膀的滷汁可以滷豆乾、大腸、豬腳；若暫時不用，待冷卻後冷凍，下次要滷時加熱即可使用。】

白切五花肉

Boiled Pork Slices with Soy Sauce and Garlic

材料

五花肉350公克、蒜頭20公克、香菜少許

調味料

A 蔭油膏30公克、香油10公克、味醂8公克

B 鹽2公克

作法

1. 將蒜頭切成末，加入調味料A拌勻即為蒜蓉醬。
2. 五花肉汆燙後撈起，另取6杯水倒入湯鍋中煮沸，再放入五花肉煮沸，轉中小火煮35鐘。
3. 將五花肉撈起後瀝乾水分，均勻撒上鹽巴調味。
4. 待涼後切片後盛盤，以香菜點綴，搭配蒜蓉醬即可。

記憶中小時候，媽媽都是五花肉和豬粉腸一起熬煮，留下來的湯汁可加入蘿蔔或是結頭菜煮成一鍋湯。這一鍋兩吃的天然美味湯頭，不用加任何味精調味湯頭即清甜，媽媽總是加入香菜提味，我也因此愛上香菜。

Tips

【判斷五花肉熟了沒，可以竹筷子插入肉組織，若未滲血水且軟嫩表示熟了。】

【嗜吃辣者，可加入辣椒碎或是辣椒油增加辣度，醬料可以一次調配多一點，放於冰箱可保存7天。】

麻油霜降豬

Boiled Pork Slices with Sesame Oil

材料

霜降豬肉350公克、老薑30公克、枸杞15公克

調味料

A 白胡椒粉1公克、太白粉30公克

B 麻油15公克、米酒50公克、鹽5公克

作法

❶ 老薑切薄片；霜降豬肉切逆紋斜片，備用。

❷ 霜降豬加入調味料A拌勻，醃漬15分鐘。

❸ 起鍋，加入麻油，以小火慢煸老薑片至香。

❹ 再加入米酒、3杯水和枸杞煮沸，轉中火，加入霜降豬肉片、鹽續煮5分鐘即可。

以麻油爆香老薑片最能引味，醃漬過的霜降豬肉，可以讓料理更好吃入味。

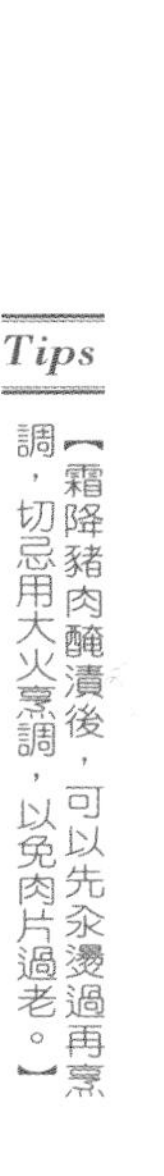

Tips

【霜降豬肉醃漬後，可以先汆燙過再烹調，切忌用大火烹調，以免肉片過老。】

三寶燜肉

Simmered Pork with White Gourds, Bitter Gourds, and Cabbage

材料

A

五花肉150公克
冬瓜150公克
苦瓜1條
高麗菜200公克

B

蒜頭25公克
辣椒20公克

冬瓜除了含有大量水分外，富含蛋白質、醣類、維生素B和C，以及其他微量元素，具利尿、清熱、解毒及消水腫功效。

調味料

八角5公克
蔭油膏25公克
冰糖10公克

作法

1. 五花肉切塊狀；冬瓜去皮後切大塊狀；高麗菜剝片，備用（圖1）。
2. 起180℃油鍋，分別將五花肉、苦瓜、蒜頭炸至呈金黃（圖2）。
3. 另起鍋，放入蒜頭、辣椒和調味料略炒，倒入4杯水煮沸（圖3）。
4. 再加入五花肉、冬瓜、苦瓜、高麗菜煮沸（圖4），蓋上鍋蓋，轉小火燜煮30分鐘待入味即可盛盤。

Tips

【也可以整顆高麗菜包裹後放入電鍋蒸煮，或以湯鍋燜煮方式煮熟。】
【以壓力鍋烹煮這道菜時可節省時間和瓦斯用量，且能鎖住蔬菜甜分。】

鮑菇扣碗

Steamed Mincemeat and abalone Mushrooms

材料

絞肉250公克
荸薺40公克
乾香菇25公克
百齡菇150公克
太空翅50公克
香菜15公克

調味料

A
白胡椒粉1公克
鹽5公克
香油5公克
B
蔭油50公克
味醂25公克

作法

1. 荸薺切碎；乾香菇泡水後，瀝乾水分，切碎（留1朵完整不切），備用。
2. 將荸薺碎、香菇碎、絞肉和調味料A拌勻即為肉餡；百齡菇加入調味料B、3杯水煮沸，轉小火續煮20分鐘，待涼切片。
3. 取1個扣碗，底部先鋪上1朵乾香菇，周圍再依序排上百齡菇（圖1）。
4. 再鋪上太空翅及肉餡（圖2），以大火蒸20分鐘（圖3），取出扣於盤中，放上香菜即可。

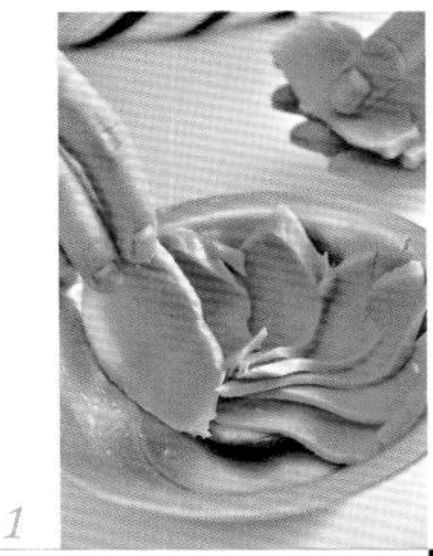
1

2

3

Tips

【料理完成時，可以搭配燙熟的青江菜或娃娃菜一起食用；亦可搭配羹料，就變成一道羹湯。】
【這道菜餚非常適合作為年菜或宴客菜，精緻美觀。】

白靈菇味道鮮美，口感似鮑魚，故有素鮑魚之稱；為高蛋白、低脂肪、維生素豐富的食材，具有增強人體免疫力、調節人體生理平衡的作用。

薑絲粉肝

Stir-Fried Pork Livers with Ginger Shred

材料

市售粉肝250公克、薑絲30公克

調味料

麻油10公克、蔭油膏30公克、味醂10公克、辣油10公克

作法

1. 粉肝切片後盛盤，加入薑絲備用。
2. 將所有調味料拌勻，再淋於粉肝上即可。

薑具去腥和開胃效果，含有豐富的鉀、水溶性維生素，為低熱量的食材。

Tips

【在切熟粉肝時，務必留意刀具及砧板的清潔，避免交叉污染。】

【市面已有處理好的粉肝，若自行處理則需將新鮮豬肝洗淨後，拿細水管將水灌到豬肝裡的血管，待血水排空後放入沸水中，以浸泡方式將豬肝泡熟。浸泡過程必須嚴謹觀看豬肝的熟度，避免豬肝過老。】

豬肚酸菜湯

Pig Stomachs Slices & Pickled Mustard Soup

材料

豬肚200公克、酸菜50公克、薑絲20公克、韭菜20公克

調味料

白胡椒粉1公克、鹽5公克、香油5公克

作法

1. 豬肚、酸菜切片；韭菜切小段，備用。
2. 取4杯水和豬肚片一起放入鍋中煮沸，轉小火熬煮20分鐘至豬肚熟爛。
3. 再加入酸菜續煮3分鐘，加入白胡椒粉、鹽及韭菜略煮，起鍋前加入香油即可。

Tips

【烹煮豬肚前可以利用麵粉及啤酒，將吸附在豬肚上的雜質去除。洗淨後整顆汆燙再切片，以利縮短時間。】

【若用瓦斯爐慢慢將豬肚煮至熟爛需花很長時間，這時可藉由壓力鍋烹煮，加入適當水後，放入汆燙完成的豬肚，大約十多分鐘即可取出切片，和其他配料一起熬煮，省時又快速。】

汆燙好的豬肚切片，加入排骨、蛤蠣、酸菜、筍子、薑、蒜頭一起煮，湯頭特別好喝，這是小時候過年時總會在餐桌出現的一道料理。

100% Organic
NATURAL

異國風味

流行料理

Exotic Cuisines

100% Organic
NATURAL

香料茄汁燉肉丸子

Stewed Meatballs with Tomatoes and Italian Blend Spice

材料

絞肉250公克
蒜頭25公克
掛薯50公克
紅蘿蔔25公克
洋蔥50公克
牛蕃茄2粒

調味料

A
白胡椒粉1公克
鹽5公克
茴香粉1公克
B
無鹽奶油25公克
義大利香料5公克

作法

1. 蒜頭、掛薯、紅蘿蔔分別切碎；洋蔥切1公分小丁；牛蕃茄切6等份，備用。
2. 絞肉和蒜碎、掛薯碎、紅蘿蔔碎混合拌勻，加入調味料A拌勻即為肉餡（圖1）。
3. 利用虎口分出數個約3公分的圓球狀，左右手交替甩緊實（圖2），放入適量油鍋中煎至表面呈金黃色（圖3），撈起瀝乾油分備用。
4. 起鍋，放入奶油，以小火加熱融化，放入洋蔥炒香，加入牛蕃茄碎拌炒均勻，再加入煎好的肉丸子、3杯水煮沸（圖4）。
5. 轉小火熬煮15分鐘，加入義大利香料調味即可。

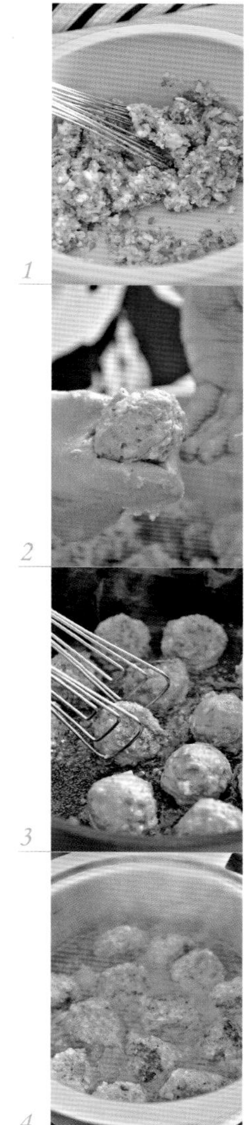

1
2
3
4

Tips

【丸子的瘦肉和油脂比例為7：3較理想，絞肉忌絞太細，可避免無法鎖汁。加入喜愛的香草，能增添異國風味。】
【做好的肉丸子可以先炸過或煎過再燉煮，以防止肉球散掉。】
【掛薯又稱洋地瓜，清脆的口感像荸薺，清炒涼拌燉煮都非常美味。】

牛蕃茄又稱陽光番茄，在充足的陽光下種植，果實會完全呈現鮮紅色，果肉營養甜美。

和風蔬菜燉肉

Stewed Pork and Vegetables

材料

A　梅花肉150公克、綠花椰菜50公克、蒜頭25公克、小洋蔥50公克

B　馬鈴薯50公克、紅蘿蔔50公克、甜菜根50公克、乾昆布1條

調味料

A　蔭油30公克、味醂30公克、清酒30公克

B　七味辣椒粉5公克

作法

1. 馬鈴薯、紅蘿蔔、甜菜根切成滾刀狀；綠花椰菜切小朵，備用。
2. 乾昆布以廚房紙巾擦拭表面灰塵，剪成1公分段；梅花肉切成2公分塊狀，備用。
3. 起鍋，放入整粒蒜頭炒香，加入小洋蔥、梅花肉拌炒至肉變色，加入材料B、調味料A、2杯水煮沸，轉小火熬煮20分鐘。
4. 再加入綠花椰菜煮熟，起鍋前加入七味辣椒粉即可。

甜菜根是營養豐富的神奇根莖類，花青素讓整道菜餚渲染著鮮紅色，熬煮過程可以加入喜愛的根莖類或南瓜，或搭配麵條一起食用。

Tips

【小洋蔥可到百貨公司超市購買，亦可選擇臺灣大洋蔥切成大丁狀代替。】
【昆布烹煮前以廚房紙巾擦拭表面灰塵即可，若是以水清洗，僅需沖一沖，不需搓揉以免營養流失。】

墨西哥蕃椒肋排

Roasted Pork Chops with Green Peppers and Sweet Peppers

材料

A　肋排350公克、蒜頭25公克、薑25公克

B　青椒30公克、黃甜椒30公克、紅甜椒30公克

調味料

A　蕃茄醬50公克、墨西哥蕃椒30公克、糖10公克

B　無鹽奶油25公克、鹽5公克

作法

1. 蒜頭、薑以磨泥板磨成泥狀備用。
2. 將材料B的所有彩椒切成0.5公分正方小丁。
3. 肋排加入蒜頭泥、薑泥和調味料A拌勻，醃漬4小時。
4. 將肋排放入烤箱，以170℃烤27分鐘至上色且熟，取出後盛盤。
5. 另起鍋，放入奶油，以小火加熱融化，放入所有彩椒丁炒香，加入鹽調味，搭配肋排一起食用即可。

甜椒富含β胡蘿蔔素、維生素C及辣椒素，具有抗氧化及提升免疫力功能，而辣椒素可以幫助溶解凝血，有止痛作用。

Tips

【烤箱必須先預熱；當肋排放入烤箱時，表面可以先以鋁箔紙覆蓋，燜烤15分鐘待肋排燜熟後，再掀開鋁箔紙續烤上色，可避免一入烤箱尚未烤熟，則肋排已經焦黑了。】

肋排蘆筍濃湯

Pork Chops and Asparagus Soup

材料

肋排200公克
洋蔥30公克
蒜頭10公克
綠蘆筍50公克
白飯60公克
烤過的麵包丁
50公克

調味料

A
鮮奶200公克
月桂葉2公克
無鹽奶油35公克
鮮奶油50公克

B
鹽5公克
白胡椒粉1公克
糖2公克

作法

1. 洋蔥切小丁；蒜頭切片；綠蘆筍去除外皮的粗纖維，切小段，備用。
2. 將肋排汆燙後，撈起備用（圖1）。
3. 起鍋，放入奶油，以小火加熱融化，放入洋蔥炒香，加入肋排、月桂葉、鮮奶和3杯水煮沸（圖2）。
4. 轉中小火熬煮30分鐘，待熟透後加入綠蘆筍續熬煮5分鐘（圖3）。
5. 撈起排骨，將調味料B加入作法4的蔬菜湯拌勻。
6. 將放微涼的蔬菜湯和白飯放入果汁機中，攪打成泥，再倒回鍋中，放入排骨後再次加熱，邊煮邊攪拌至沸騰。
7. 起鍋前倒入鮮奶油，撒上麵包丁即可。

1

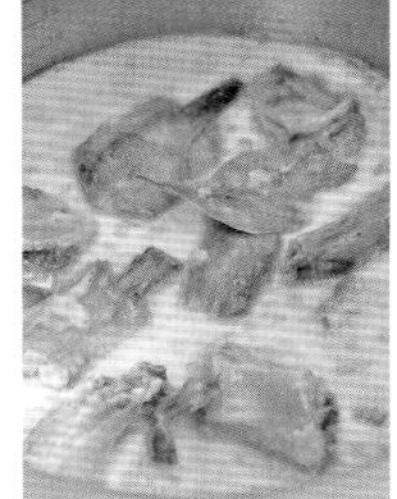
2

3

Tips

【運用西式料理法熬煮高湯，利用剩下的白飯和高湯攪打成濃稠狀作為勾縴材料，這是簡便快速的濃湯煮法。】

青翠的綠蘆筍可以花椰菜、南瓜、玉米、洋菇替代，呈現不同風味的濃湯。

鮮蔬香料豬肉串

Spiced Pork Kebabs

材料

火鍋豬肉片250公克、蔥50公克、洋蔥50公克、紅甜椒50公克、黃甜椒50公克、青椒50公克

調味料

普羅旺斯香草35公克、黑胡椒粉1公克、蔥燒醬50公克

作法

1. 蔥切成與火鍋肉片同寬的長度；洋蔥、紅甜椒、黃甜椒、青椒切成長5公分×寬5公分片狀，備用。
2. 每片火鍋豬肉片攤平，鋪上適量蔥段後捲起，並用竹籤串起；另取適量洋蔥、彩椒交錯串起即為蔬菜串。
3. 將肉串、蔬菜串放入平底鍋中（或炭火、烤箱）煎製，待肉變白，刷上蔥燒醬，撒上普羅旺斯香草繼續煎熟即可食用。

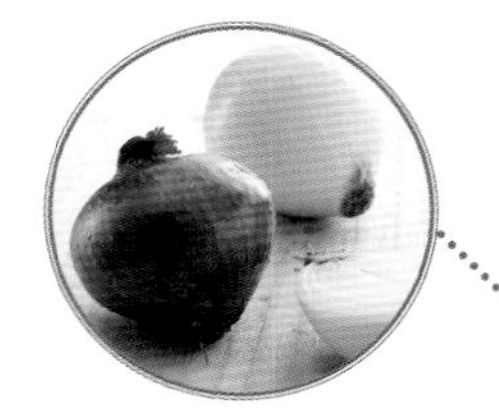

洋蔥又名蔥頭、球蔥、玉蔥，含有大量膳食纖維、鉀、鈣、維生素A和C，是低熱量食物，生食可降低血糖與血脂，多吃亦能預防骨質流失等優點。

Tips

【運用切好的火鍋肉片料理，可免除刀工備製時間。】
【火鍋豬肉片因為比較薄且容易熟，能避免煎烤太久而肉質變老。】
【彩椒可以先和普羅旺斯香草、玄米油醃漬10分鐘後再煎烤，能縮短煎烤時間且更入味。】

香茅辣味排骨

Spicy Lemon Grass Pork Chops

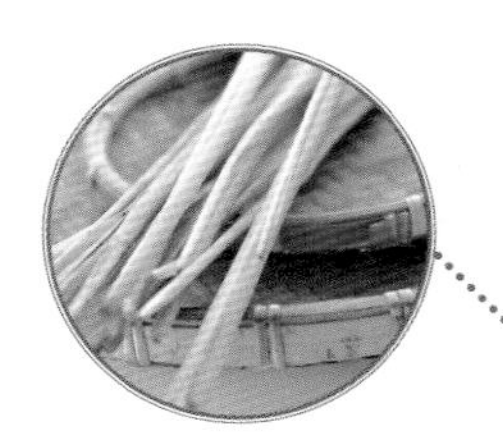

運用香茅或南薑、檸檬葉醃漬豬肋排，亦能加入蔬菜汁，例如：紅蘿蔔、西洋芹增加蔬菜本身的甜味，並輔佐讓肋排更美味。

材料

肋排350公克、香茅25公克、蒜頭25公克

調味料

A 白胡椒粉5公克、鹽10公克、檸檬汁10公克、低筋麵粉20公克

B 泰式香茅粉20公克、辣椒粉15公克

作法

1. 蒜頭切碎；香茅拍扁，備用。
2. 肋排洗淨，加入香茅、蒜碎及調味料A拌勻，醃漬15分鐘備用。
3. 將肋排骨放入180℃油鍋中，炸至表面呈金黃色，撈起瀝乾油分後盛盤。
4. 再均勻撒上調味料B即可。

Tips

【油炸的油溫不宜過高，可避免肋排還沒熟透，表面即已焦化。】

蒜蜜香烤豬排

Honey and Garlic Roasted Pork Chops

材料

肋排350公克
南瓜150公克
蒜頭30公克
蔥段30公克

調味料

A

蔥燒醬50公克
味醂25公克
蜂蜜5公克

B

白芝麻15公克
白醋50公克
話梅5粒
鹽1公克

作法

1. 蒜頭、蔥段拍碎（圖1），和肋排、調味料A拌勻，醃漬30分鐘（圖2）。
2. 將醃漬完成的肋排放入180℃烤箱，烤至熟且表面上色，取出後均勻撒上白芝麻（圖3），盛盤。
3. 南瓜去皮及籽後切絲，以鹽醃漬殺青10分鐘，以冷開水清洗過。
4. 再加入白醋、話梅、鹽拌勻，和肋排搭配食用即可。

1

2

3

Tips

【肋排醃漬後放入烤箱，可以先以鋁箔紙蓋住，燜烤20分鐘後待熟透再掀開續烤上色，能避免烤焦。】
【取蜂蜜加一些水調稀，反覆刷於肋排烤幾次後，再刷上醬汁會更入味。】

醃漬南瓜時，必須完全殺青逼出苦水，並以冷開水清洗後擠乾多餘水分，再和白醋、話梅調味為宜。

藍帶起司豬排

Pork Cordon Bleu

材料

里肌肉250公克
起司片50公克
高麗菜80公克

調味料

A
胡椒鹽5公克
蔭油10公克

B
巴薩米克醋10公克
酥炸粉50公克
麵包粉200公克

作法

1. 高麗菜洗淨後切細絲。
2. 里肌肉切片後向外拍打成更大片（圖1），再以胡椒鹽、蔭油醃漬20分鐘。
3. 每片起司片切成四片，再將起司片包入里肌肉中備用（圖2）。
4. 每片豬排依序裹上一層酥炸粉（取25公克酥炸粉和25公克水調勻為酥炸粉漿），再沾上酥炸粉漿，最後沾裹麵包粉（圖3）。
5. 豬排放入180℃油鍋中，炸至表面呈金黃色（圖4），撈起瀝乾油分後盛盤。
6. 搭配高麗菜絲，淋上巴薩米克醋即可食用。

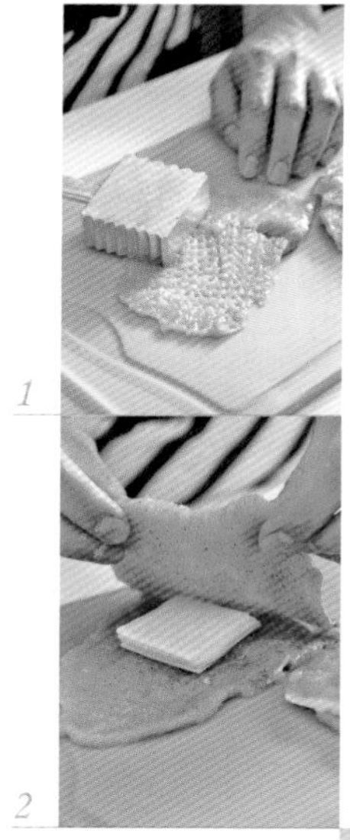

1

2

3

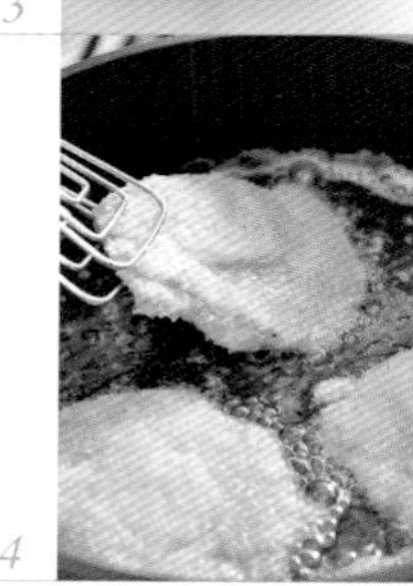

4

Tips

【裹粉三溫暖，意思是依序沾上乾粉，再沾濕粉，最後裹上麵包粉或地瓜粉。】
【剛炸好的起司豬排會流出濃濃的起司，要小心食用以避免燙口，搭配巴薩米克醋可解膩又開胃。】
【豬排以蝴蝶刀切法一刀斷，一刀不斷切完成，再進行拍打將可使豬排變得更大片。】

巴薩米克醋又稱陳年葡萄醋，為新鮮葡萄採收，去皮去籽後榨成汁液，經過煮沸再倒入曾釀製葡萄酒的木桶中發酵製成，適合作為豬排、肉類、蔬菜等沾醬材料。

孜然酥炸肥腸

Deep Fried Pork Intestines with Cumin Powder

材料

大腸頭250公克、馬鈴薯100公克、乾辣椒35公克、蒜頭50公克、蔥25公克

調味料

A 八角5公克、醬油35公克、冰糖15公克

B 孜然粉5公克、胡椒鹽5公克、酥炸粉40公克

作法

1. 取一半份量蒜頭切片；取一半份量蔥切小段，備用。
2. 大腸頭燙過後放入湯鍋中，加入調味料A、剩下的蒜頭、蔥煮沸，轉小火熬煮40分鐘至熟軟。
3. 取出滷好的大腸頭切小段；馬鈴薯切小塊，均勻撒上酥炸粉，再放入180℃油鍋中炸至金黃，撈起瀝乾油分，備用。
4. 起鍋，放入蒜片爆香，加入馬鈴薯、大腸頭炒勻，起鍋前加入蔥段、乾辣椒、孜然粉、胡椒鹽炒勻即可。

挑選馬鈴薯以表皮平滑完整，沒有斑點，未被蟲蛀食或發芽為適宜。買回家後於常溫下保存，只要表皮沒有發芽的情況下，都可以安心食用。

Tips

【大腸頭也可以和豬耳朵、豬尾一起煨滷（見p37），就不需要同時滷很多鍋，滷過的滷汁降溫後可以冷凍保存，待下次煨滷時會快速入味，使滷汁香味更濃郁。】

【孜然粉也可換成花椒代替。】

青龍煸皮蛋

Stirred Chili Peppers, Century Eggs, and Sliced Pork

材料

胛心肉100公克、青龍辣椒200公克、辣椒20公克、蒜頭25公克、皮蛋3粒

調味料

A　豆豉15公克、香油5公克

B　蔭油20公克、味醂10公克

作法

1. 青龍辣椒、辣椒分別切3公分小段；蒜頭切片，備用。
2. 皮蛋蒸熟後各切成6等份；胛心肉切條狀，備用。
3. 起鍋，放入胛心肉拌炒至肉變白，加入蒜片、豆豉拌炒均勻。
4. 再放入青龍辣椒、辣椒、皮蛋和調味料B炒勻，起鍋前加入香油即可。

青龍辣椒又稱糯米椒，盛產於恆春，外型為細長條綠色，含豐富維生素及葉綠素，不辣而甜脆。

Tips

【皮蛋先蒸熟或煮熟，可以防止蛋液流出而污染砧板。】
【青龍辣椒拌炒時間不宜過長，才能保持清脆口感；用料理油炒過，也可以增加翠綠度。】

博多絞肉芋頭

Steamed Minced Pork and Taros in Hakata Style

材料

A

絞肉200公克
乾香菇50公克
荸薺50公克
紅蘿蔔30公克
蒜頭35公克
紅蔥酥15公克

B

芋頭350公克
香菜15公克

調味料

A

五香粉1公克
白胡椒粉1公克
鹽10公克
味醂10公克
香油5公克

B

太白粉50公克
甜辣醬適量

作法

1. 乾香菇泡水後切碎；荸薺、紅蘿蔔、蒜頭切碎，備用。
2. 芋頭去皮後，切成約0.7公分厚片狀。
3. 將材料A和調味料A混合拌勻即為肉餡（圖1）。
4. 將每片切好的芋頭表面拍上少許太白粉，鋪上適量肉餡，依序堆疊一層芋頭一層肉餡（圖2、3）。
5. 再放入蒸籠（圖4），以大火蒸25分鐘，待芋頭熟透後取出，放上香菜，搭配甜辣醬即可。

1

2

3

4

Tips

【可以將拌好的肉餡料鑲入苦瓜、大黃瓜中蒸製或煮湯皆可，但先蒸過再煮湯可避免餡料脫落。】
【堆疊芋頭片時，若高度較高，待蒸好時可以運用細牙籤搓洞確定是否熟透，若可直接穿透表示熟了。】

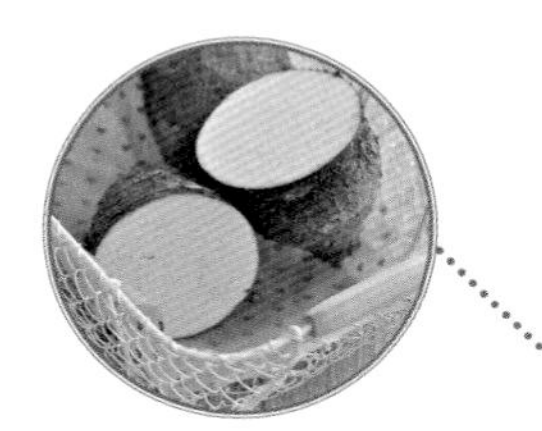

芋頭富含膳食纖維、鉀，能幫助消化，改善便秘、利尿，協助血壓下降功效；而且含澱粉、蛋白質，容易產生飽足感和營養。

德式豬腳

German Pork Knuckles

材料

豬腳350公克、蒜頭25公克、洋蔥50公克、進口酸菜罐頭150公克、培根50公克、紅蔥頭25公克

調味料

A 八角5公克、醬油35公克、冰糖15公克

B 黃芥末15公克、蜂蜜5公克

C 鹽2公克、糖5公克

作法

1. 豬腳汆燙後放入湯鍋中，加入蒜頭、洋蔥、調味料A和5杯水煮沸，轉中小火熬煮1小時至熟軟。
2. 培根、紅蔥頭切碎；黃芥末和蜂蜜拌勻，備用。
3. 起鍋，放入紅蔥頭碎炒香，加入培根碎、酸菜拌炒均勻，加入調味料C拌炒均勻即熄火。
4. 將滷好的豬腳放入190℃油鍋中，炸至表面呈金黃，撈起瀝乾油分後盛盤。
5. 搭配酸菜、蜂蜜黃芥末一起食用即可。

進口酸菜大多用圓白菜或大白菜醃漬而成，保留濕潤的蔬菜汁，且口感酸中帶微甜，是搭配德式豬腳的最佳配菜且可解油膩。

Tips

【豬腳煮沸後需轉中小火慢滷，德國人在煨滷時所使用的辛香料不經過爆香，而是直接放入鍋中一起燉煮。可使用壓力鍋燉煮，更省時且省瓦斯。】

黑麥啤酒燒排骨

Black Wheat Beer Braised Ribs

材料

軟排250公克、鳥蛋50公克、紅蘿蔔球50公克、蒜頭25公克、蔥30公克

調味料

蔭油膏50公克、冰糖20公克、黑麥啤酒100公克

作法

1. 蔥切成2公分小段。
2. 起鍋，放入軟排煎至表面呈金黃色，加入蒜頭炒香，再放入鳥蛋、紅蘿蔔球和調味料煮沸。
3. 轉小火續煮20分鐘，加入蔥段煮2分鐘即可。

黑麥啤酒可換成米酒或是紹興酒熬煮，亦可根據個人喜愛的酒精程度而調整份量。

Tips

【需等軟排煎上色後再烹調，以免血水滲出而造成湯汁混濁。】

避風塘排骨酥

Deep Fried Pork Chops and Sweet Potatoes

材料

A

排骨350公克
地瓜50公克
紫地瓜50公克
紅蘿蔔條80公克
西洋芹80公克
蒜酥50公克
乾辣椒35公克

調味料

白胡椒粉1公克
蒜粉2公克
二砂糖10公克
鹽5公克
低筋麵粉50公克

作法

1. 地瓜、紫地瓜去皮，切成約0.2公分絲狀（圖1），放入170℃油鍋中，炸至呈金黃色，撈起瀝乾油分備用。
2. 紅蘿蔔條、西洋芹和1杯水放入果汁機中，攪打成泥即為芹菜蘿蔔泥備用。
3. 排骨以西洋芹、蘿蔔泥、所有調味料拌勻，醃漬1天入味備用。
4. 將醃漬完成的排骨放入180℃油鍋中，炸至表面呈金黃色（圖2），撈起瀝乾油分備用。
5. 另起鍋，放入蒜酥、乾辣椒和排骨拌炒均勻後盛盤（圖3），放上地瓜絲即可。

1

2

3

Tips

【切好的地瓜絲可以流水方式，將澱粉質洗淨，濾乾後再油炸，將提升酥脆度。】
【芹菜蘿蔔泥可以攪拌多一些，一次醃漬較多的排骨，再將排骨分裝於密封袋，攤平後冷凍，可以減少備料醃漬的時間。】

地瓜含有大量膳食纖維、維生素和微量元素，是排毒抗癌的保健蔬菜，地瓜皮含有豐富黏蛋白等多醣類物質，連同地瓜皮一起食用，有助於人體血液酸鹼平衡。

牛肝菌鮮筍肉醬

Porcini Mushrooms, Bamboo Shoots, and Meat Sauce

材料

五花肉250公克、筍子100公克、香菇素燥150公克、牛肝菌菇50公克

調味料

蔭油25公克、白胡椒粉1公克、味醂10公克、五香粉1公克

作法

1. 五花肉、筍子分別切成約0.5公分丁狀；牛肝菌菇泡水至軟，切細丁，備用。
2. 起鍋，放入五花肉丁炒至肉變白，加入筍子拌炒均勻。
3. 再加入牛肝菌菇、香菇素燥炒勻，待香氣釋出。
4. 加入調味料和2杯水煮沸，轉小火熬煮30分鐘至入味即可熄火。

牛肝菌菇為菇菌中的頂級產品，營養價值高，略帶堅果及些許肉質香氣，適用於應用在各種中西式料理中。

Tips

【利用五花肉的油脂煨滷肉醬，需以小火慢慢熬煮，因火候過大易將水分快速蒸發，亦可加入適量紹興酒增加香氣。】
【牛肝菌菇可至百貨公司進口超市購買，若沒有牛肝菌菇也可以乾香菇替代。】

川味蒜苗霜降豬

Spicy Pork with Garlic and Garlic Stems

材料

豬頸肉350公克、辣椒15公克、蒜苗35公克、蒜頭25公克、油條2條

調味料

A　太白粉15公克、白胡椒粉1公克、鹽5公克

B　麻辣醬60公克、豆瓣醬15公克、花椒1公克

作法

1. 辣椒、蒜苗切約3公分小段；蒜頭切片；油條切成約3公分小段，備用。
2. 豬頸肉切成約1公分斜片，加入調味料A拌勻，醃漬10分鐘後放入沸水汆燙，撈起備用。
3. 另起鍋，放入蒜片爆香，加入辣椒、蒜苗和調味料B拌炒均勻。
4. 加入2杯水煮沸，放入豬頸肉煮熟，起鍋前加入油條略煮一下即可。

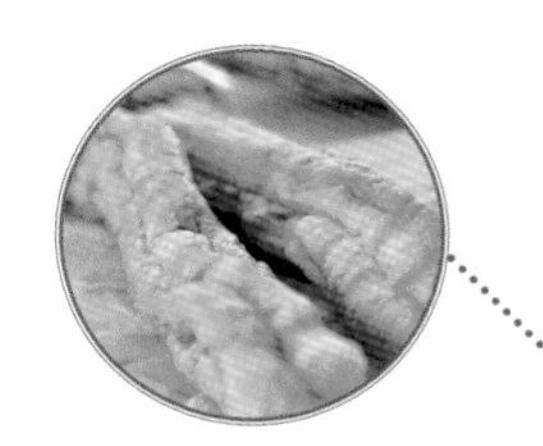

購買回來的油條可以炸酥或烤酥一些，在烹煮即將完成時再放入鍋中，可以縮短加熱時間，以保持外軟吸附醬汁，內酥保持原本油條的酥脆度。

Tips

【豬頸肉醃漬後先以煮沸的水浸泡方式泡熟，以保持豬頸肉的脆度，也可以縮短烹煮的時間。】

西谷米肉丸子

Pork and Sago Dumplings

材料

A

絞肉120公克
西谷米300公克
碎蘿蔔50公克
蒜頭25公克

調味料

A

黑胡椒粉5公克
鹽3公克
糖5公克

B

香油5公克
甜辣醬25公克

作法

1. 碎蘿蔔泡水10分鐘去除鹹味；蒜頭切碎，備用。
2. 西谷米先以1杯冷水泡開，再加入1杯滾燙的熱水快速拌勻成麵糰（圖1）。
3. 起鍋，乾炒碎蘿蔔，加入香油、蒜碎拌炒均勻待香氣釋出，再放入絞肉、調味料A炒勻即為餡料。
4. 取適量西谷米麵糰包入1大匙餡料，收口收緊（圖2、3），依序完成所有包裹動作備用。
5. 將包好的丸子放入蒸籠（圖4），以大火蒸6分鐘至熟，取出後搭配甜辣醬一起食用即可。

1

2 3 4

Tips

【碎蘿蔔泡水後需先以乾鍋煸去多餘水分，再加入香油炒香。
【浸泡碎蘿蔔時間避免過久，避免蘿蔔味不見了。】

浸泡西谷米必須讓水分完全吸收，蒸起來才不會呈現粉心白點情況。

麻辣滷豬舌

Spicy Pork Tongues

材料

豬舌350公克、蒜頭30公克、洋蔥30公克、花椰菜花梗120公克

調味料

麻辣醬120公克、八角5公克、花椒5公克

作法

1. 蒜頭、洋蔥切碎；豬舌汆燙，刮除舌苔和表皮，洗淨，備用。
2. 花椰菜花梗汆燙後，撈起瀝乾水分，盛盤。
3. 起鍋，加入蒜碎、洋蔥，以中火炒香，加入調味料和5杯水煮沸，再加入豬舌，以小火煨滷50分鐘。
4. 將豬舌切片後盛盤，搭配花椰菜花梗一起食用即可。

花椰菜又稱菜花、花菜，營養價值高、卡路里低，含豐富的蛋白質、維生素A、C、B，磷、鈣、鈉等，具有明目、利尿的療效。

Tips

【煨滷豬舌過程中，需隨時注意水分蒸發程度，若是火候過大，則水分蒸發後會過鹹，所以要適情況補充熱水。

【可以運用滷過豬肉的滷汁，加上麻辣醬後進行煨滷；花椰菜花梗可以綠葉蔬菜或蘆筍替代。】

泰式涼拌天梯

Thai-Style Pig Jaws Salad

材料

天梯350公克、小黃瓜50公克、辣椒15公克、檸檬葉15公克、蒜頭25公克、香菜適量

調味料

辣蝦膏20公克、檸檬汁15公克、椰子花蜜糖5公克

作法

1. 小黃瓜、辣椒、檸檬葉切絲；蒜頭切碎，備用。
2. 天梯汆燙，再以冰水冰鎮，濾乾水分備用。
3. 將切好的小黃瓜絲、辣椒絲、檸檬葉絲、蒜碎和調味料混合拌勻，盛盤，撒上香菜即可。

椰子花蜜糖含有多種胺基酸、維生素及膳食纖維，適合添加於中、西式料理調味中，製作點心、飲品的甜度來源，可至有機材料行購買。

Tips

【天梯燙過後需要冰鎮，以保持脆度，運用泰式涼拌方式加入辣蝦膏、檸檬葉調味，也可運用個人喜愛的調味料調味，例如將蔭油膏、沙茶醬、味醂、香油、辣油拌勻屬於臺式風味。】

梅花豬肉凍

Pork Jelly

材料

A

梅花肉350公克
蒜頭50公克
辣椒15公克
蔥35公克
吉利丁片18片
香菜15公克

調味料

滷包1包
醬油1/2杯
味醂1/2杯

作法

1. 將蒜頭、辣椒、蔥、調味料和3杯水放入湯鍋煮沸，轉小火熬煮10分鐘，撈除滷包和辛香料備用（圖1）。
2. 梅花肉切成1公分丁狀，放入沸水汆燙後取出；吉利丁片泡水軟化後撈起（圖2）。
3. 吉利丁片加入汆燙完成的梅花肉丁中，以小火熬煮30分鐘（圖3）。
4. 加入泡軟的吉利丁拌至融化，倒入模具待涼（圖4），放入冰箱結凍。
5. 取出脫膜後切片，盛盤，以香菜點綴即可。

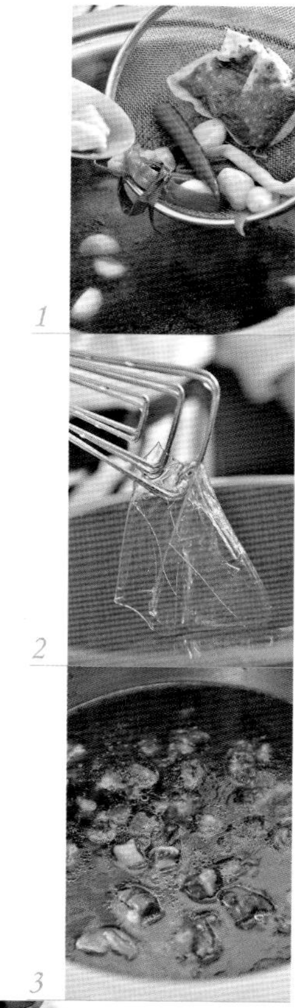

1 2 3

4

Tips

【豬肉凍選用油脂比較少的豬肉滷漬，可以減少油脂的產生，若是油脂過多將影響結凍的品質；油脂過多時可以吸油紙吸除即可。】

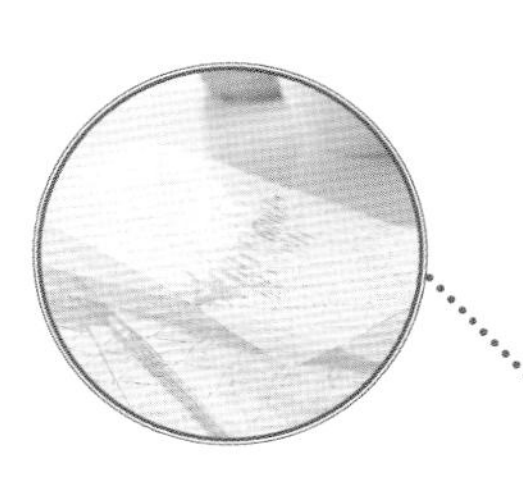

選用梅花肉滷漬時間會縮短些，亦可先滷漬後浸泡2小時，再加入吉利丁片結凍讓味道更入味。

PART 4

美味飽食

飯麵餅

Rice
Noodles
Dumplings

冰花水餃

Pork and Bok Coy Dumplings

1

2

3

4

5

材料

絞肉150公克
冬粉50公克
青江菜50公克
水餃皮15張

調味料

A
蒜粉2公克
白胡椒粉1公克
香油5公克
鹽5公克
糖1公克

B
低筋麵粉30公克
水2大匙
沙拉油2大匙

作法

1. 冬粉泡水後擰乾，切小段；青江菜取下嫩葉，加入鹽殺青後切細丁，備用。
2. 絞肉加入冬粉、青江菜、蒜粉和調味料A拌勻即為餡料（圖1）。
3. 取1張水餃皮，包入適量餡料，收口捏褶紋密合（圖2、3），依序完成所有包製步驟。
4. 將所有調味料B拌勻，即為粉漿備用。
5. 將包好的水餃依序排入平底鍋，淋上粉漿（圖4），蓋上鍋蓋，以中小火煎熟且底部呈雪花狀即可（圖5）。

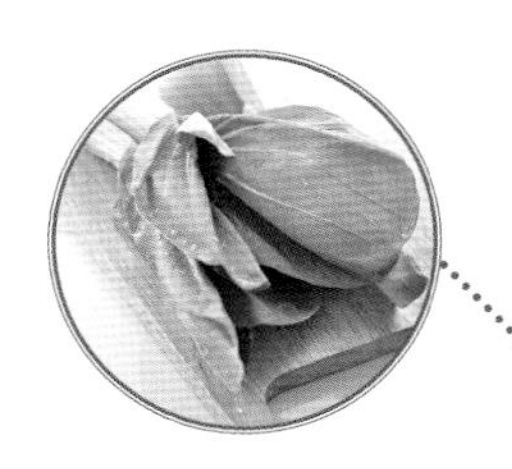

青江菜可以換成高麗菜或韭菜，變化不同風味內餡。但記得蔬菜需瀝乾水分再包裹，餃子皮才不會沾濕而破皮。

Tips

【澆淋粉漿後蓋上鍋蓋，先以小火燜約8分鐘至熟，再慢慢掀開鍋蓋散去多餘水分，續煎至餃子上色即可。】【冬粉需擰乾水分且切小段，以利包入餃子皮中。】

綜合燒賣

Mixed Steamed Dumplings

材料

絞肉150公克
紅蘿蔔50公克
荸薺50公克
蔥30公克
小乾香菇50公克
小蝦仁50公克
燒賣皮200公克

調味料

鹽5公克
糖2公克
蒜粉1公克
白胡椒粉1公克
香油5公克

作法

1. 將紅蘿蔔、荸薺、蔥分別切碎；小乾香菇泡入水中至軟，備用。
2. 絞肉、紅蘿蔔碎、荸薺碎、蔥碎和調味料拌勻即為餡料，可取一些餡料分別加入香菇丁、蝦仁丁做不同口味的變化（圖1）。
3. 將餡料填入燒賣皮中，可利用木匙或湯匙背按壓緊實，在燒賣餡表面鋪上小香菇或小蝦仁（圖2、3）。
4. 將燒賣依序排入蒸盤，放入蒸籠（圖4），以大火蒸約8分鐘至熟即可取出。

Tips

【燒賣必須等底鍋水煮沸後再放入蒸籠，並以計時器計時，以免時間過長而過熟，而影響口感或外皮完整度。】
【餡料填入燒賣皮，可利用木匙或湯匙背協助按壓，讓餡料貼附燒賣皮更緊實，蒸製完成時，皮和餡才不會分開。】

拌餡時加點水一起拌，可保有鮮嫩多汁口感。拌好的肉餡分別加入香菇、蝦仁、蔬菜或蟹肉拌勻，變化不同風味的餡料，並可搭配不同顏色的燒賣皮。

胡椒餡餅

Pepper Pork Pastry

材料

梅花絞肉250公克
蔥120公克
蒜頭25公克
中筋麵粉250公克
低筋麵粉125公克

調味料

A
黑胡椒粉1公克
五香粉1公克
鹽3公克
B
鹽？公克
沙拉油65公克

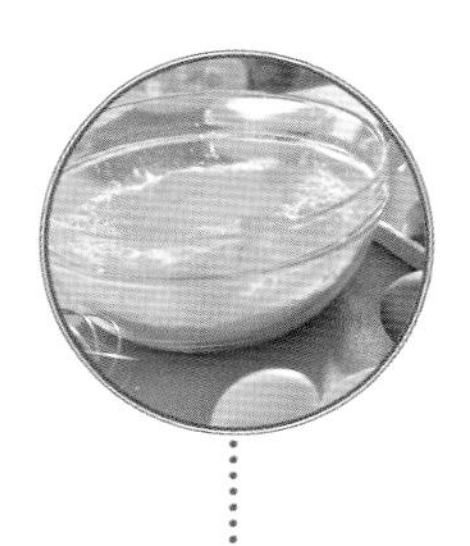

麵粉過篩後較不容易結塊，揉好的麵糰必須醒15分鐘讓麵筋鬆弛休息，之後的桿折動作才會順暢。

作法

1. 蔥、蒜頭切碎，加入絞肉和調味料A拌勻即為肉餡。
2. 中筋麵粉過篩於鋼盆中，沖入1/2杯沸水，快速拌成雪花片狀（圖1），加入1又1/2杯冷水、鹽翻拌至呈光滑不黏手的麵糰（圖2），醒15分鐘。
3. 低筋麵粉過篩，和沙拉油拌勻成糰即為油酥。
4. 將麵糰壓扁成大圓狀，包入油酥（圖3），捏緊後收口朝上放於桌面，以桿麵棍桿成厚度約3公分長方形（圖4），朝中間對折成三折（圖5），再以桿麵棍桿成厚度約1公分長方形，再次對折成三折，再重覆桿、對折1至2次即可。
5. 取刀子將麵糰切成6等份（圖6），包入適量肉餡，收口密合捏緊成包子狀（圖7、8）。
6. 依序放入不沾鍋，以手掌壓扁成高1公分，蓋上鍋蓋，以中小火慢煎至鍋邊冒煙，掀鍋蓋後將胡椒餅翻面，稍微壓扁，續煎至兩面呈金黃且熟即可。

Tips

【包餡動作需確實將封口密合，否則湯汁會溢出來而讓麵皮變得更焦化。】
【包好的胡椒餅也可以放入烤箱，以180℃烘烤約16分鐘至兩面呈金黃。】

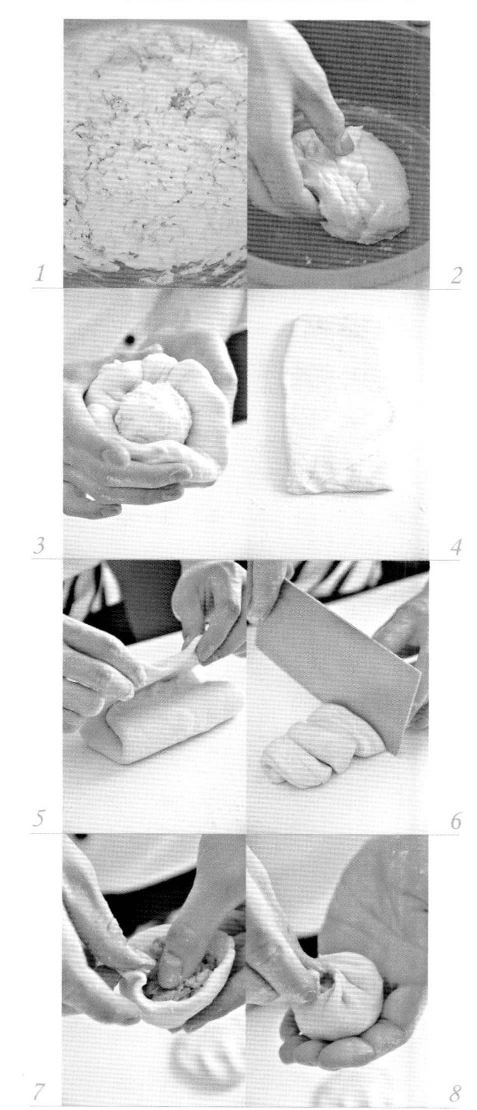

古早味排骨麵

Old Fashion Pork Chops Noodle

材料

排骨350公克、冬瓜200公克、白蘿蔔100公克、薑20公克、蒜頭25公克、紅蔥頭20公克、油麵150公克、香菜15公克

調味料

A 五香粉1公克、白胡椒粉1公克、鹽5公克、味醂30公克、太白粉20公克

B 地瓜粉150公克、老滷醬70公克

作法

1. 冬瓜、白蘿蔔分別切成2公分塊狀；薑拍扁；紅蔥頭切片，備用。
2. 排骨和調味料A拌勻，醃漬20分鐘，再沾裹一層地瓜粉，放入180℃油鍋中，炸至呈金黃後撈起。
3. 將蒜頭放入作法2油鍋中，炸至呈金黃後撈起；放入紅蔥頭也炸至呈金黃後撈起，備用。
4. 將排骨放入湯鍋中，加入冬瓜、白蘿蔔、薑、蒜頭、紅蔥頭片和老滷醬煮沸，轉小火熬煮40分鐘至入味。
5. 再放入油麵煮沸，起鍋前加入香菜即可。

運用老滷醬調味，能添加醍醐傳統豆香味，讓湯頭更加鮮美甘醇，可至大型超市購買。

Tips

【排骨可以炸好後，搭配冬瓜、白蘿蔔及高湯以蒸的方式料理，以中火蒸40分鐘，可以讓湯頭更清澈。排骨酥可以醃漬隔夜再炸，讓味道更加入味。

【若家中有壓力鍋，可以依說明書指示操作，節省料理時間，也減少油煙的產生。】

滷肉飯

Braised Minced Pork Rice

材料

絞肉350公克、豆乾50公克、紅蔥頭50公克、蒜頭50公克、冬蝦2公克

調味料

蔭油60公克、五香粉1公克、白胡椒粉1公克、八角2公克、米酒35公克、味醂25公克

作法

1. 豆乾切成0.5公分丁狀；紅蔥頭、蒜頭切碎；冬蝦泡水，備用。
2. 起鍋，倒入玄米油加熱，放入紅蔥頭爆香至呈金黃色後撈起，再放入蒜碎炒至呈金黃色後撈起。
3. 再放入絞肉，以中火炒至絞肉湯汁縮至濃稠，再加入冬蝦拌炒。
4. 加入豆乾丁、紅蔥酥碎、蒜碎和調味料拌炒均勻，再倒入3杯水煮沸，轉小火熬煮45分鐘，待醬汁變濃稠且入味即可。

紅蔥頭和蒜頭是滷肉飯的靈魂材料，以新鮮拌炒至金黃色較香，且滷製完成的滷肉飯香氣也較足夠。

Tips

【絞肉肥瘦比例1：1口感最佳，可以分開絞碎。先將板油炒至乾扁產生豬油後，再加入瘦肉拌炒。】
【冬蝦又稱金鉤蝦，經常使用於炒菜爆香，或包入粽子、煮粥提味。】
【玄米油又稱糙米油，營養是白米的4倍，是孩童成長發育不可或缺的營養成分，且烹調用油量少。】

獅子頭粉絲煲

Noodles with Stewed Pork Balls

材料

A

絞肉250公克
大白菜350公克
香菜10公克

B

馬蹄35公克
蒜頭30公克
蔥30公克

C

黑木耳30公克
紅蘿蔔50公克
薑25公克
乾香菇50公克
冬粉50公克
炸豬皮50公克

調味料

A

白胡椒粉1公克
鹽3公克

B

醬油50公克
白胡椒粉1公克
糖2公克
烏醋2公克

作法

1. 乾香菇、冬粉泡水備用。
2. 馬蹄、蒜頭、蔥分別切碎；取出乾香菇瀝乾水分後切絲；黑木耳、紅蘿蔔、薑切絲；大白菜切成4公分大塊，備用。
3. 絞肉和材料B拌勻，加入調味料A拌勻，再用虎口分出數個球狀，左右手交替甩緊實（圖1、2），放入180℃油鍋中，炸至表面呈金黃色（圖3），撈起瀝乾油分後盛盤。
4. 另起油鍋，放入蒜碎、薑絲炒香，加入香菇絲、黑木耳絲、紅蘿蔔絲、炸豬皮拌炒均勻。
5. 放入大白菜炒勻，加入2杯水煮沸（圖4），加入炸好的肉球，轉小火熬煮15分鐘。
6. 再加入調味料B拌勻，放入泡軟的冬粉煮熟（圖5），起鍋前加入香菜即可。

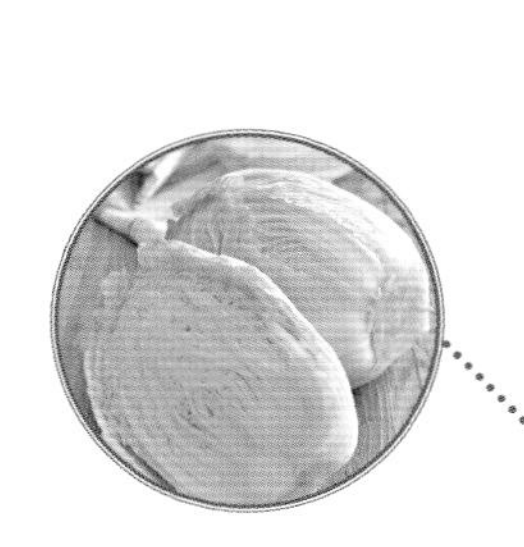

記得小時候，媽媽還會加入魷魚增加鮮美的香氣；以前農家子弟比較惜福，印象中媽媽會將隔餐的炒中卷加到白菜滷中，特別美味好吃。

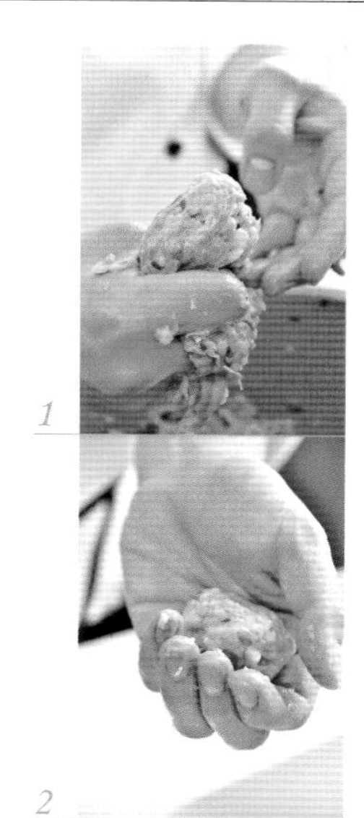

1

2

3

4

5

Tips

【肉球材料可以加入喜愛的蔬菜丁；熬煮大白菜時，可以再加入豆皮或角螺增加風味。】

當歸排骨粥

Chinese Angelica & Pork Chops Congee

添加補氣顧眼睛的當歸和枸杞，加上長時間煮到糊軟，非常適合成長中小朋友和咀嚼功能不好的老年人食用。

材料

排骨200公克、蒜頭30公克、枸杞25公克、當歸1片、白米100公克

調味料

鹽5公克、白胡椒粉1公克

作法

1. 排骨放入沸水汆燙，撈起瀝乾水分備用。
2. 白米放入湯鍋中，加入燙過的排骨、蒜頭、當歸和4杯水煮沸。
3. 轉小火熬煮20分鐘至白米熟軟，放入枸杞拌勻，加入調味料拌勻即可。

Tips

【可以利用隔夜米飯煮，可縮短料理時間。】
【經過20至30分鐘的烹煮，通常肉汁已和白米粥融合，而且排骨的肉末也入口即化了。】

川七腰花麵線

Noodles with Sliced Pork Kidney & Chinese Knotweed

材料

腰子200公克、川七80公克、枸杞 10公克、老薑15公克、白麵線80公克

調味料

麻油15公克、老酒60公克、鹽5公克、糖1公克

作法

❶ 將腰子切十字斜刀，再切成2公分塊狀，放入沸水汆燙後撈起備用。

❷ 薑切片，以麻油小火乾煸至乾扁狀且香氣釋出，加入枸杞、老酒和3杯水煮沸，轉中火熬煮3分鐘。

❸ 再加入腰子、白麵線和川七煮沸，加入鹽、糖調味即可熄火。

每家廠商製作的白麵線鹹度不同，若是過鹹，白麵線必須先燙過再烹調，亦可選擇蒸過後再汆燙，以防止麵線糊化。

Tips

【可以選用馬祖釀漬老酒較醇香，若取得不易時可換成米酒。】

【白麵線可以在食用前再加入煮沸，避免加熱太久而糊化。】

茄汁肉醬千層麵

Lasagna with Tomato Meat Sauce

材料

絞肉250公克
紅蘿蔔50公克
洋蔥100公克
西洋芹50公克
蒜頭25公克
牛蕃茄3粒
千層麵200公克

調味料

A
罐頭羅勒蕃茄糊50公克
白胡椒粉1公克
無鹽奶油25公克

B
鹽5公克
糖3公克
起司絲50公克

作法

1. 在牛蕃茄底部畫上十字刀紋後汆燙（圖1），撈起後泡入冷開水降溫，剝除表皮後切成大丁（圖2）。
2. 將紅蘿蔔、洋蔥、西洋芹、蒜頭分別切碎；千層麵放入沸水煮熟，備用。
3. 起鍋，放入蒜頭爆香，加入紅蘿蔔、洋蔥、西洋芹炒勻，加入牛蕃茄、絞肉、調味料A和1杯水煮沸，轉小火熬煮20分鐘待熟透（圖3），再加入鹽、糖拌勻即為肉醬。
4. 取一個烤皿，以推疊方式一層肉醬、一層千層麵填入烤皿中（圖4），均勻撒上起司絲。
5. 放入烤箱，以190℃烘烤約10分鐘，待起司絲融化且呈金黃即可。

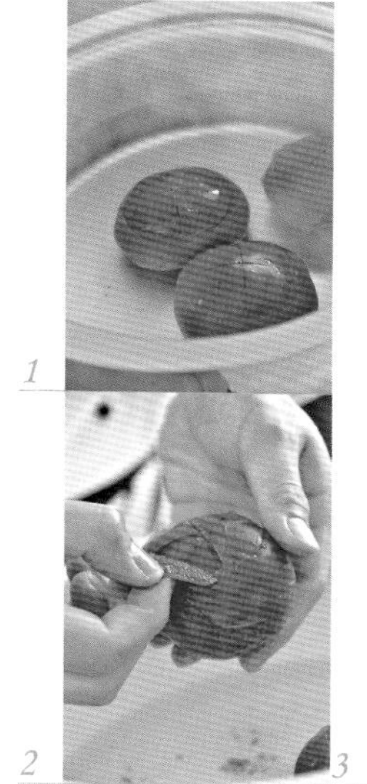

1 2

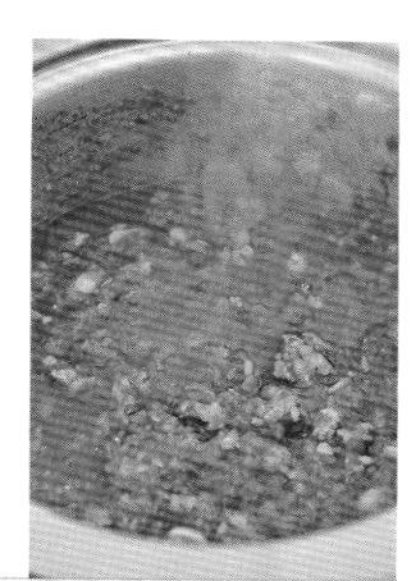

3

4

使用市售罐頭蕃茄糊較方便，也能以奶油煮新鮮蕃茄成糊狀，並以中火慢慢煮至呈暗紅色，除了增加香味和色澤外，更能降低酸度。

Tips

【若不嫌麻煩，建議在作法3的爆香過程中，每煸炒一樣食材待香氣釋出時再加入另一樣食材，這樣更能提升肉醬的香氣。】
【當次未使用完的肉醬，可以作為義大利麵或白飯的淋醬。】

香菇赤肉羹米粉

Rice Noodles in Pork and Shiitake Mushrooms Soup

紅蘿蔔含豐富β胡蘿蔔素，經由人體吸收代謝後轉換為脂溶性維生素A。人體若缺乏維生素A，眼睛容易疲勞乾澀，引發乾眼症或夜盲症；若影響造血功能，則有貧血、免疫力下降等問題。

材料

後腿肉150公克、魚漿100公克、米粉120公克、乾香菇30公克、紅蘿蔔25公克、紅蔥酥15公克、冬蝦5公克、香菜20公克

調味料

A　鹽5公克、白胡椒粉1公克

B　鹽2公克、白胡椒粉1公克、糖2公克、香油5公克

作法

1. 乾香菇泡水後切絲；紅蘿蔔切絲；冬蝦泡水，備用。
2. 後腿肉切成1公分條狀，加入調味料A拌勻，醃漬15分鐘，分別裹上一層魚漿即為赤肉羹備用。
3. 起鍋，放入香菇絲爆香，加入冬蝦、紅蘿蔔絲、紅蔥酥拌炒均勻，倒入4杯水煮沸，加入裹魚漿的赤肉羹，續煮3分鐘。
4. 再加入米粉、調味料B煮沸，起鍋前加入香菜即可。

Tips

【製作油蔥酥：可以運用板油丁以小火乾煸至豬油產生，再放入切好的紅蔥頭片，以小火乾煸至金黃色，親手煸炒的紅蔥酥較香且衛生。】

【赤肉羹一次可以做大量，再分裝後冷凍，隨時可取用烹調。】

泰式酸辣豬心飯

Thai-Style Rice with Sour and Spicy Pig Hearts

材料

豬心350公克、白飯250公克、彩色花椰菜300公克、香茅50公克、蒜頭25公克、辣椒35公克

調味料

泰式酸辣醬50公克、是拉差辣椒醬10公克、檸檬汁5公克、魚露15公克、糖5公克

作法

1. 彩色花椰菜切小朵；香茅切絲；蒜頭切片；辣椒切斜片，備用。
2. 將豬心放入沸水燙熟，取出後切片。
3. 起鍋，放入蒜片爆香，加入彩色花椰菜、豬心、香茅和辣椒，以中火拌炒均勻。
4. 再加入所有調味料炒勻，最後放入白米飯翻炒均勻上色即可。

除了常見的白色、綠色花椰菜外，農業種植者已研發出各種顏色花椰菜，包含紫色、黃色、淺綠色等，鮮豔的花色除了觀賞外，更可以食用。

Tips

【豬心需先將血水洗淨再汆燙，可以減少加熱時血水結塊現象。】
【是拉差辣椒醬可至東南亞雜貨店或大型超市購買。最初用途是用來做越南河粉中牛肉的沾醬，後來也漸漸出現於美式料理及雞尾酒調味。】

照燒豬肉米漢堡

Teriyaki-Pork Rice Burger

材料

里肌肉250公克
白飯250公克
美生菜50公克
牛蕃茄1粒
洋蔥50公克
蛋2顆
白芝麻5公克

調味料

A
鹽2公克
白胡椒粉1公克

B
照燒醬35公克
糖1公克
味醂5公克

C
無鹽奶油30公克
美乃滋25公克

作法

1. 牛蕃茄切片；洋蔥切絲；里肌肉切片後以肉搥拍打，均勻撒上調味料A醃漬10分鐘，備用。
2. 起鍋，放入奶油，以小火加熱融化，放入洋蔥絲炒軟，再加入一半份量照燒醬、糖、味醂炒勻後盛出，
3. 原鍋再加熱，放入里肌肉，以小火煎至兩面呈金黃，刷上剩餘照燒醬（圖1），撒上白芝麻後盛出。
4. 蛋打入平底鍋煎熟；白飯以直徑約7公分模型壓出高約1公分的圓形（圖2），再放入平底鍋煎至兩面呈金黃，備用（圖3）。
5. 取1片煎好的白飯餅於盤上，依序擺上適量美生菜、牛蕃茄、洋蔥、荷包蛋、里肌肉，擠上美乃滋（圖4、5），再蓋上1片白飯餅，依序完成另一份米漢堡即可。

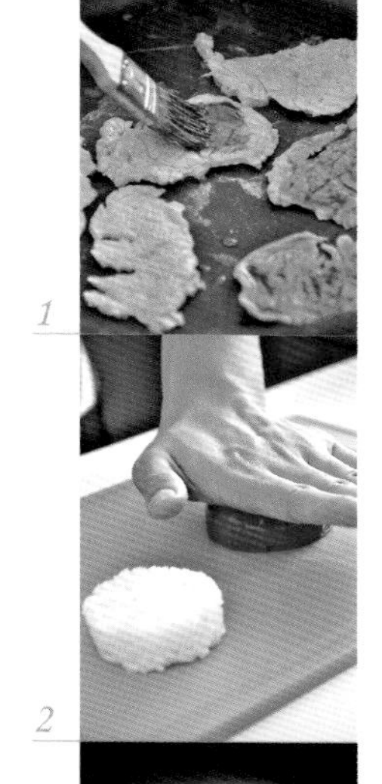
1 2 3

4 5

Tips

【白飯壓好後亦可放入烤箱，以190℃烤至兩面呈金黃，烤的方式能減少米飯分開斷裂現象。】【以小火慢慢將里肌肉煎熟，可避免組織老化而影響口感；且以奶油煎製能增加香氣。】

煎蛋時鍋子溫度非常重要，若溫度過低，則無法立即使蛋白質凝固，甚至會散開而無法煎出漂亮的蛋；反之若溫度太高，則蛋白瞬間會凝結但周圍會產生硬皮甚至焦黑。

Magic KitcheN

二魚文化 魔法廚房

陪您邂逅美味飽足，健康身心靈！

就是要涼拌菜

作者：蔡萬利
定價：300元
規格：全彩/112頁

針對酷熱的盛暑季節，可能會有食慾不振、吃不下飯的讀者，設計了50道清爽可口的涼拌菜，具有原始，真實，特殊的美味與風格，而且每道料理都能讓你眼睛為之一亮，不僅好吃，更能幫你消除暑氣。

食譜分為肉類、海鮮類、蔬菜類、蛋豆類，而且取用當季物美價廉的食材，以簡單方便的製作手法，讓讀者能快速做出美味的涼拌菜，並能觸類旁通變化出更多驚喜的佳餚，讓讀者輕鬆享受下廚的樂趣。

經典魚料理：阿倡師的50種烹魚藝術

作者：李旭倡
定價：320元
規格：全彩/112頁

「阿倡用最尋常的吳郭魚、烏鰡，創作出感動人心的魚滋味。他的藝術像勵志故事，表現英雄不怕出身低的美德。」——焦桐

廚師李旭倡在自家餐廳養殖健康的烏鰡與吳郭魚，嚴格把關魚的生長環境和飼料，也因此烹煮出的魚肉鮮美不帶土味，加上古味與創新並陳的料理手法，為溪州樓帶來不少忠實老饕。透過這本食譜，即便不懂魚的人也能享受在家烹魚、在家吃魚的樂趣。

混蛋藝術：輕鬆變化蛋料理

作者：蔡萬利
定價：320元
規格：全彩/104頁

平民食材「蛋」，不僅方便購買、容易儲存、營養價值高且價格平穩，更是廚房最容易料理的食材，它的內在究竟藏了什麼祕密？

將提供挑選好蛋的訣竅、保存清洗方法、料理秘訣分享，讓廚房新手輕鬆烹調不平凡好滋味；以及剩餘蛋白、蛋黃、蛋殼趣味巧思應用，陪你玩出幸福好生活。以一般常見雞蛋、皮蛋、鹹蛋、鐵蛋，設計了數十種中西融合料理、點心，呈現多元風貌的神奇佳餚！

正點臺菜新料理

兩位主廚作者陳兆麟師傅與邱清澤師傅不但專於經典臺菜，也精於研發新菜色，全書五十道臺菜料理，是由二十五道經典臺菜與對應的二十五道創作臺菜構成。臺菜的豐厚樸麗，富含滋味，在作者的示範解說之下，讀者能夠容易掌握製作佳餚的技巧，端出美味有新意的臺菜。

就如五柳枝、鯖魚五柳枝、冬粉雞腿、南乳雞腿、日月雙撇、櫻花日月、懷舊大封、時尚大封、桂花小封、貴花小封、兄弟龍骨髓、糕渣龍骨髓、返璞歸真、淮山黑棗肚等等，每一道菜的作法，都有詳盡的說明；至於擺盤的要領，兩位作者的藝術功力亦發揮得淋漓盡致。

作者：陳兆麟．邱清澤
定價：340元
規格：全彩/104頁

超省錢蔬菜料理：20種耐放蔬菜烹調，完全不浪費！

你是否曾發現本來計劃好好與家人享受飯菜香，而準備開始烹調時，才驚覺剛買回來的蔬菜還沒用就已經發黃、腐爛了，不僅佔用冰箱空間而且傷了荷包。為了幫忙碌工作或單身，無法天天下廚者解決蔬菜買了用不完的煩惱。於是本書挑選了20種適合久放的蔬菜來變化料理，甚至也能做出不可置信的簡易點心。

＜精選耐放蔬菜20種＞馬鈴薯、地瓜、南瓜、芋頭、山藥、白蘿蔔、紅蘿蔔、冬瓜、高麗菜、白菜、洋蔥、蕃茄、甜椒、青椒、西洋芹、茄子、玉米、杏鮑菇、小黃瓜、四季豆。

作者：黃筱蓁
定價：330元
規格：全彩/104頁

健康好食雞：低脂．美味．簡單．料理雞肉的秘技

雞肉之所以受歡迎且普及於各類料理中是有原因的，除了雞的成熟期較短外，雞肉無宗教烹調上的忌諱。而且以營養學觀看，雞肉營養價值高於紅肉，脂肪含量也比豬、牛、羊肉低許多，是愛美、瘦身者的最佳選擇；所含豐富維生素A和B、鈣、磷和鐵質，是小孩、老年人、心血管疾病患者，或病後虛弱需調理身體者的最佳補充營養來源。

本書將依據雞各部位特性，設計了數十道涼拌、快炒、蒸、煮、燉滷、煎烤類中西料理，也充分將蔬果與雞肉作搭配，以達營養均衡且無負擔的飲食生活。

作者：蔡萬利
定價：350元
規格：全彩/104頁

心情料理鍋

瑞士 HOTPAN 休閒鍋

商品特色:

HOTPAN休閒鍋瑞士原廠製造並榮獲國際IF設計大賞，是個可以煎、炒、燙、煮、炸、烤、蒸、滷、燉、燜、拌沙拉，擁有十一大功能的鍋具。

30分鐘不洗鍋連煮6道菜，烹煮時間是一般鍋的1/3，可節省電費、瓦斯費，鋼材毛細孔很細，廚房沒油煙，可直接上餐桌，色彩鮮艷、外型討喜。

2008 法蘭克福設計獎
2007 德國國際論壇設計獎
芝加哥建築學設計獎

DESIGN PLUS 2008

iF product design award 2007

享受美食不打烊

瑞士 DURPPLY 都會炒鍋

商品特色:

鍋身一體成型的結構，抗焦黑、無油煙、不沾鍋、好清洗，無捲邊設計，不藏污納垢，省瓦斯節能減碳，精鑄鍛造把手人體工學設計，鍋蓋與鍋身密合鎖住營養成份，完全不流失(可放洗碗機清洗)，適合電磁爐、電爐、電晶爐、瓦斯爐。

百貨專櫃據點

台北:
士林旗艦店 1F
新光三越台北南西店 7F
太平洋SOGO百貨復興店 8F
太平洋SOGO百貨忠孝店 8F
統一阪急百貨台北店 6F
新光三越台北信義新天地A8 7F
板橋大遠百Mega City 7F
HOLA特力和樂 士林店 B1
HOLA特力和樂 內湖店 1F
HOLA特力和樂 中和店 1F
HOLA特力和樂 土城店 3F

桃園:
FE21'遠東百貨 桃園店 10F
太平洋SOGO百貨中壢元化館 7F
HOLA特力和樂 南崁店 1F

新竹:
新竹大遠百 5F
太平洋SOGO百貨新竹店 9F
太平洋崇光百貨巨城店 6F

台中:
新光三越台中中港店 8F
HOLA特力和樂 中港店 1F
HOLA特力和樂 北屯店 1F
台中大遠百Top City 9F

台南:
新光三越台南西門店 B1
HOLA特力和樂 仁德店 2F

嘉義:
HOLA特力和樂 嘉義店 1F

高雄:
新光三越高雄左營店 9F
統一阪急百貨高雄店 5F
HOLA特力和樂 左營店 1F

KUHN RIKON SWITZERLAND 瑞康屋

益康屋 UCOM

瑞康國際企業股份有限公司
友康國際股份有限公司

電話:0800-39-3399 傳真:02-8811-2518
www.rakenhouse.com /
www.ucom.com.tw/

二魚文化 魔法廚房 M054

健康美味豬 盤底朝天的夢幻豬料理

作　　者　李耀堂
烹飪助手　戴華寬
攝　　影　周禎和
企畫主編　葉菁燕
文字撰寫　燕湘綺
英文翻譯　葉　珊
美術設計　費得貞

出 版 者　二魚文化事業有限公司
社址 106 臺北市大安區和平東路一段 121 號 3 樓之 2
網址 www.2-fishes.com
電話 (02)23515288
傳真 (02)23518061
郵政劃撥帳號 19625599
劃撥戶名　二魚文化事業有限公司
法律顧問　林鈺雄律師事務所

總 經 銷　大和書報圖書股份有限公司
電話 (02)8990-2588
傳真 (02)2290-1658

製版印刷　彩峰造藝印像股份有限公司
初版一刷　二〇一三年七月
I S B N　978-986-5813-03-1
定　　價　三〇〇元

題字篆印／李蕭錕

國家圖書館出版品預行編目資料

健康美味豬 / 李耀堂著.
- 初版. -- 臺北市：二魚文化, 2013.07
104面；18.5×24.5公分. -- (魔法廚房；M054)
ISBN 978-986-5813-03-01(平裝)

1.肉類食譜　2.烹飪

427.211　　102011139